测绘地理信息科技出版资金资助

Cartogram 自动构建方法与应用
Automatic Construction of Cartogram: Methods and Applications

王丽娜　李　响　江　南　著

测绘出版社
·北京·

内容简介

Cartogram是一种以地理对象面积或距离表示其属性特征的可视化方法。本书围绕Cartogram的发展脉络、基本理论、构建方法和具体可视化应用四个方面展开论述,重点论述时间Cartogram的构建方法及其在可达性变化可视化与分析中的应用、面向双(多)变量表达的连续面Cartogram的构建方法。

本书适合地理学、测绘地理信息相关专业的研究生使用,也可作为研究空间信息可视化方法的参考书。

图书在版编目(CIP)数据

Cartogram自动构建方法与应用 / 王丽娜,李响,江南著. -- 北京 : 测绘出版社,2020.6

ISBN 978-7-5030-4310-9

Ⅰ. ①C… Ⅱ. ①王… ②李… ③江… Ⅲ. ①地图编绘—研究 Ⅳ. ①P283

中国版本图书馆CIP数据核字(2020)第103300号

| 责任编辑 | 吴　芸 | 封面设计 | 谷通佳雨 | 责任校对 | 石书贤 |

出版发行	测绘出版社	电　话	010—83543965(发行部)
地　址	北京市西城区三里河路50号		010—68531609(门市部)
邮政编码	100045		010—68531363(编辑部)
电子信箱	smp@sinomaps.com	网　址	www.chinasmp.com
印　刷	北京华联印刷有限公司	经　销	新华书店
成品规格	169mm×239mm		
印　张	9.5	字　数	182千字
版　次	2020年6月第1版	印　次	2020年6月第1次印刷
印　数	0001—1000	定　价	72.00元

| 书　号 | ISBN 978-7-5030-4310-9 |
| 审图号 | GS(2020)3681号 |

前　言

　　现代科学地图的雏形,在西方始于托勒密的巨著《地理学》,在东方则从裴秀的《禹贡地域图》开始,直到 19 世纪末 20 世纪中叶,传统地图学作为一门独立的学科业已形成。现代科学地图至少包含三个方面的特征,即数学基础、符号系统和综合法则。这是目前我们使用最为广泛的地图产品,同时也是世界地图学发展的主流。但在这千余年发展过程中,并非这一种单一的地图形式,与之对应的所谓"非主流"是在今天看来似是而非的地图产品。例如以南宋黄裳《地理图》为代表的中国古代山水地图,一山一城都绘以真形,不论方位,不求精确,多山地区为了避免遮盖,画出山后城镇,可以任意变换地图的方向。再如公元 4 世纪,罗马帝国的《波伊廷格地图》以极其夸张的长宽比例,展示了已知世界尤其是罗马帝国复杂的交通网,这些纵横交错、发达的交通路线最终都汇集到地图的中心——罗马城,生动直观地说明了"条条大路通罗马"这一谚语。

　　Cartogram 正是一种典型的"非主流"地图,采用了以对象尺寸表示地理对象属性的图形表达方法。从 1934 年矩形 Cartogram 的正式提出,到 1973 年 Cartogram 计算机自动生成算法的首次实现,再到今天选举地图、人口 Cartogram 制图、疾病制图和 Worldmapper(世界绘图者)项目等应用逐步进入了大众视野。但与其他传统的专题地图表示方法相比,Cartogram 仍然只是地图学中的一个小众产品,还存在很多问题。因此,制图学家如何突破长期以来养成的遵循惯例、追求精确和惯性思维的作风,改变以往的思维方式,使地图样式更加丰富? 如何正视以 Cartogram 为代表的这类非常规地图表示方法,将其科学地纳入地图学表示方法的体系框架中,使地图学能更好地顺应信息时代? 如何让 Cartogram 这一类表示方法得到进一步的广泛应用,使其能够科学有效地为公众提供知识服务? 这是我们这一代制图者需要应对的挑战,也是我们应该肩负和承担的责任。

　　本书正是怀揣着这样的初心和使命,在传统的制图表示方法以及前人对 Cartogram 的研究基础上构建一套完整的关于 Cartogram 理论与方法的研究框架。在该框架中,对 Cartogram 的自动生成算法作进一步优化和改进,对 Cartogram 的可视化方法作进一步完善和扩展,通过应用对方法的有效性和实用性作进一步科学验证,并在此基础上研制 Cartogram 的原型插件。希望有助于不同学科背景和经验的科研工作者交流对于 Cartogram 的理论、方法技术和应用的不同见解,拓展 Cartogram 的可视化方法和应用领域,赋予 Cartogram 更多的生命力。

　　本书第 1 章、第 2 章、第 3 章、第 5 章、第 6 章和第 7 章由郑州轻工业大学王丽娜博士编写完成,信息工程大学李响副教授参与第 4 章的编写,信息工程大学江南教授认真审阅全书并在撰写过程中提出了许多宝贵的指导意见。

　　本书得到信息工程大学军队院校"双重"建设基金资助。

　　值此书完成之际,衷心感谢王家耀院士、华一新教授、武芳教授和李宏伟教授对本书的支持与帮助。

　　由于笔者认识水平与能力有限,难免存在疏漏和错误,敬请各位专家学者和同仁批评指正。

目　录

CONTENTS

第 1 章 绪 论

本章从当下传统地图学发展所遇到的挑战和准地图繁荣背后所存在的问题入手，引出开展 Cartogram 研究的必要性。然后从 Cartogram 产生的根源出发，结合时代的变迁和技术方法浪潮的更迭，对 Cartogram 理论、构建方法和应用的发展与研究现状进行了详细阐述，着重分析了当前 Cartogram 研究中存在的一系列问题。

1.1 研究背景及意义

1.1.1 研究背景

早在洪荒时代，人类学会用简单的方法描述生活环境的时候，地图就在生活实践的基础上开始萌芽。当时人类并没有完整的地图概念，只是在记载各种事物的过程中，采用了最直接的象形画法。因此早期的图画、地图和文字是没有明显差别的，即使在文字从图画中分离出来后的很长一段时间里，地图和图画两种形式的联合运用也是长期存在、互相影响的。

现代科学地图的雏形，在西方始于托勒密的巨著《地理学》，在东方则从裴秀的《禹贡地域图》开始。到了近现代，经历了 15 世纪至 17 世纪的地理大发现，16 世纪地图集的盛行，17 世纪以后的大规模三角测量和地形图测绘，18 世纪以后专题地图的萌芽和发展，到 19 世纪末 20 世纪中叶，传统地图学已经成为一门独立的科学。通常意义的现代科学地图至少包含三个特征，即数学基础、符号系统和综合法则。这种现代科学地图是目前我们使用最为广泛的地图，同时也是世界地图学发展的主流地图。与之对应的"非主流"，是某些满足特殊用途和使用者的似是而非的地图产品。例如以南宋黄裳《地理图》为代表的中国古代山水地图，一山一城都绘以真形，不论方位，不求精确，多山地区为了避免遮盖，画出山后城镇，可以任意变换地图的方向。再如 Harry Beck 于 1931 年创作的伦敦地铁图，采用呈水平、垂直和 45°角的线条表示交通线路，简化网络形状，同时保留车站的正确方位拓扑关系，该表示方法现广泛应用于交通网络可视化表达。

当今互联网时代，随着信息和通信技术（information and communication technology，ICT）、计算机图形学、可视化等方法和技术的兴起与成熟，以及"新空间数据"的可视化表达需求和"新用户"的用图需求的增加，这种新技术与新需求催生了一系列"准地图"。"准地图"是与标准地图相对应的概念,其在确保地图科学性的前提下,不再拘泥于传统标准地图的精确性限制,两者的总和可以称为广义地图(孟立秋,2017),相对来说,广义地图更符合数字时代用户的需求。借助于互联网的广泛传播效应,这种"准地图"无论在数量、表现风格还是在应用范围上都已超越了传统的标准地图,不再是边缘或寄生产品,它们与标准地图相辅相成,以嵌套、叠加和灵活切换的方式缓解读图时代常出现的审美疲劳症以及解决"信息越多越饥渴"的问题。另一方面,这些"准地图"在繁荣地图产品的同时,还有负迭代作用。对于地图学本身理论的关注减少,尤其"人人都可制图"使非专业制图者设计的部分地图产品缺乏科学性甚至产生误导;传统地图学的理论难以指导新型地图产品的设计与制图实践,地图学面临着巨大的"突围"挑战(郭仁忠 等,2017)。

若要突出"重围",实现地图学的繁荣,首先需要在认识传统地图学的严谨、科学、一致等优点的同时,发现其图示、逻辑、关系表达上的局限与不足;其次,认识传统地图学方法的不足与局限性,跳出地图学的传统技术和理论限制,整合技术与新的可视化方法,突出表达方式。希望新的可视化方法能够弥补传统地图学的不足,从新的角度更好地展现数据,实现从专业、政府应用到公众的普适。

从地图制图的本质过程来说,一组变量或者数据的制图表达有多种可能,其制作过程的主观因素是无法消除的。从数据选取、综合分析到分类分级过程,以及诸多设计决策,如视觉变量的选择、颜色的配置等都充斥着主观因素。地图可视化影响读图者对规律和空间模式的判断和认知,因此,既然无法保证单幅地图的客观性,那么可以通过新的视角来审视数据,从而更加全面而正确地理解数据。

Cartogram 结合了地图和图表的特性,是一种以对象尺寸表示地理对象属性的图形表达方法,使用一定的数学法则对地图进行几何转换,使距离(包括时间、旅行费用等)或者区域面积与某个属性值成比例,同时尽量保持相对正确的空间关系,从而得到一种地理空间"扭曲"的制图表达(Hennig,2011)。Cartogram 的类别非常宽泛,包括 Lynch 的心象地图、类似于 Harry Beck 伦敦地铁图的线路图,以及表达空间距离分布的地理图通过转换得到的表达时间距离(或者旅行费用等)分布的时间距离 Cartogram(简称"时间 Cartogram")等。Cartogram 从地理对象属性数据的角度出发,并不以描述地理对象的真实形状为目的,而是根据对象特定的属性值改变或者简化几何形状。Cartogram 这种简化和变形特质能够迅速颠覆公众对地理世界的传统认知,为公众提供了认知世界的新视角,且新奇而别具一格的外形更容易吸引人们的注意。华一新(1988)认为 Cartogram 是新奇的、生动的、有趣的,可以使读图者迅速获取地图内容在各地区的分布状况。Dorling(1996)认为 Cartogram 的出现正是为了解决经典统计专题地图表达与统计数据内涵不一致的问题,它所进行的开拓性的研究,改变了传统地图空间参考的数学法则,逐渐形成一套新的针对研究对象属性特征的地图表达框架。克拉克等(2014)指出传统的专题地图表示方法如等值区域图在表达面积无关的比率数据时有一个明显的缺陷,整体效果更多地取决于统计区域的面积大小,即各地区的面积大小会极大地影响读图者的视觉,而面 Cartogram 则是该问题的解决方案之一。孟立秋(2017)指出针对某些特殊目的,Cartogram 的夸张变形有助于激发用户的好奇心从而提高地图信息的传输效率。

1934 年 Raisz 正式提出矩形 Cartogram 后,Cartogram 才正式有了具体的解释和含义(Raisz,1934,1936)。但是 Cartogram 这种"以简化和变形来突出表现地理对象的某类属性"的核心思想最早可以追溯到《波伊廷格地图》(*Tabula Peutingeriana*)(Keim et al.,2005)。但由于其手工创建的复杂性,陷入了一段长时间的缓慢发展时期,直到 20 世纪 70 年代得益于计算机图形学的巨大进步,面 Cartogram 计算机实现算法首次由 Tobler(1973)提出并得以持续改进。此后,Cartogram 开始得到越来越多学者的认可与关注,并且随着选举地图、人口 Cartogram 制图和 Worldmapper 项目等应用逐步进入了大众视野。

但不得不承认,相比于其他传统的专题地图表示方法,Cartogram 仍然只是地图学中的一个小众产品,还存在很多问题亟待深入研究。因此,制图学家如何突破长期以来养成的遵循惯例、追求精确和惯性思维的作风,正视以 Cartogram 为代表的这类非常规地图表示方法,将其科学地纳入地图学表示方法的体系框架中,使地图学能更好地顺应互联网时代,如何优化与改进 Cartogram 自动生成算法,将 Cartogram 的创建由难变易,让 Cartogram 得到进一步的广泛应用和流行,并且科学有效地为公众提供知识服务,如何将 Cartogram 这种崭新的可视化方法与当下的时空数据相结合,是传统制图者的使命。

1.1.2　研究意义

基于上述研究背景,本书认为对 Cartogram 的理论、方法、技术及其应用实践等方面开展研究,具有如下研究意义:

(1)本书对于 Cartogram 理论与方法的研究有利于增强地图学发展的内力,对于地图学的创新与发展具有一定意义。Cartogram 在表达上更为直接专注和高效,因此在特定的应用场景里更符合人们对空间的认知,但长期以来它一直游离于"地图学""地理信息可视化"和"信息可视化"等多种学科领域的边缘。对 Cartogram 的基本概念、分类和构建方法等根本问题的追本溯源有利于将 Cartogram 作为一种新的专题制图方法纳入传统地图学表示方法的体系框架内,不但能够丰富和深化地图学的内涵,增强地图学本身的"内家修为",为地图学在跨学科融合应用中添加一个有力的"外家绝技",也为非专业制图人员制作大众化地图提供理论指导。

(2)本书对于 Cartogram 自动构建技术的研究为 Cartogram 的流行和进一步

广泛应用奠定坚实的技术基础。目前 Cartogram 自动生成算法本身较为复杂且通用性较差,Cartogram 的表示方法也较为单一,难以表达多变量、非结构化、时空特性等复杂结构数据,这也是目前 Cartogram 只是一个"小众"的可视化方法的重要原因之一。对 Cartogram 的自动生成算法作进一步优化和改进,根据特定应用场景,对 Cartogram 的可视化方法作进一步完善和扩展,将有利于 Cartogram 的流行和更广泛、深入的应用。

(3)本书对于 Cartogram 应用实践的研究对 Cartogram 应用广度和深度的拓展都具有一定实用意义。一方面将 Cartogram 的表示方法纳入特定的应用场景中,能够进一步拓展 Cartogram 的应用范围,增强 Cartogram 的影响力。例如,将时间 Cartogram 应用到在高铁发展影响下城市群时空收缩变迁与空间结构演进的特征分析研究中,有利于加深人们对高铁发展和城市群关系的理解。另一方面也进一步挖掘 Cartogram 在学科领域中的应用深度,比如将 Cartogram 应用到传统的双(多)变量制图研究中,不仅有助于制图学家换个视角审视"世界",也为双(多)变量制图理论研究添加一个有力的武器。

1.2　Cartogram 的发展与研究现状

本书结合专题制图、统计图表以及数据可视化的发展历程(Friendly,2008),在整体发展情况的背景下,将 Cartogram 置于发展历程长河之中,从 Cartogram 的源头出发,探寻 Cartogram 这种图形表达方法的产生、内涵的发展以及当前的研究热点与存在问题。

1.2.1　Cartogram 的发展

Cartogram"以简化和变形来突出表现地理对象的某类属性"的核心思想最早可以追溯到早期的罗马帝国交通图《波伊廷格地图》(*Tabula Peutingeriana*)(Keim et al.,2005)(图 1.1)。该图是一幅长条形(1 英尺❶×21 英尺)的卷轴图,地图中心是当时的罗马城,绘制了罗马帝国的道路情况,显示了 7 000 英里❷的道路以及城市和地标。为了配合设计,该图刻意应用了一些有趣的扭曲变形技术。例如,尼罗河向北流动,但在这个长轴图中无法描绘,因此改为向东流动,并且扩大其三角洲流域的比例尺以详细显示。

---

❶　1 英尺=0.304 8 米。

❷　1 英里=1.609 344 千米。

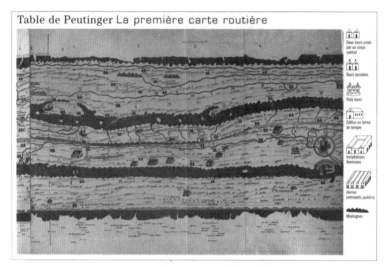

图 1.1 罗马帝国交通图《波伊廷格地图》

16 世纪初,天体和地理的测量技术得到了很大发展,特别是出现了三角测量这样精确绘制地理位置的技术。17 世纪开始了人口统计学的研究,对于人口、土地、税收和商品价值等数据的收集整理开始了系统的发展。到了 18 世纪,社会大生产的到来深刻地改变了世界,与社会和科技进步相随的是统计学出现了早期的萌芽。数据的价值开始为人们所重视,人口、天文、测量、医学等学科的实践积攒了大量的数据,人们试图探索数据表达的新形式。新的统计数据可视化形式包括等值线、饼图、条形图等,图 1.2 为图表设计大师 William Playfair 创作的饼图,用来对比几个国家的人口和税收情况。与此同时,地图制作者也开始不满足于在地图上仅仅显示地理位置,新的数据表达如等值线图开始出现了,专题地图的定量表达开始扎根。图 1.3 为世界上第一幅等高线图,于 1782 年创作(Friendly,2009)。

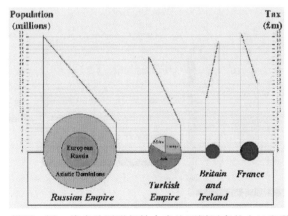

图 1.2 饼图—圆—线多种图形相结合表达不同国家的人口和税收数量

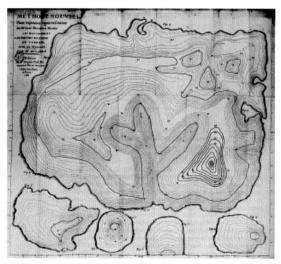

图 1.3　世界上第一幅等高线图

到了 19 世纪上半叶,数据的收集整理从科学技术和经济领域扩展到社会管理领域,政府部门开始系统性地收集和发布人口、教育、犯罪和疾病等社会公共领域数据。这个时期,当代常见的统计图形如散点图、直方图、极坐标图等都已出现。专题地图制图从单幅地图扩展到综合的地图集,并且开始表达定量信息,应用领域涵盖社会、疾病、经济、自然等主题。例如,世界上第一幅等值区域图在 1826 年出现,使用连续的黑白色底纹描述法国识字分布情况。另外,具有里程碑意义的霍乱地图首次以图形化的形式揭示了霍乱的病因,这标志着专题制图在人类社会领域应用主题(社会、医疗、种族等)进入了新的高度。可以说这一阶段对于定量信息的表达为接下来新类型地图的出现奠定了基础,这类地图最初在法国和美国比较流行,如图 1.4 和图 1.5 所示,Nuñez(2014)称此类方法为类 Cartogram(Cartogram-like)表示方法,这被认为是矩形 Cartogram 的原型。

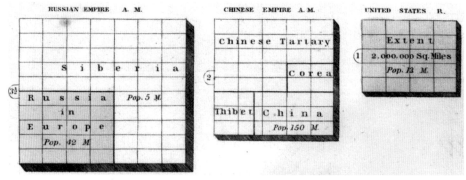

图 1.4　1837 年由 Olney 设计的展示国家规模和人口的类 Cartogram 方法

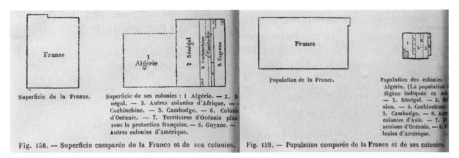

图 1.5　1875 年出版的类 Cartogram 方法表示法国及其殖民地的领土范围和人口

到了 19 世纪下半叶,数据可视化迎来了黄金发展时代。此时,官方的统计机构在欧洲普遍建立,数理统计开始作为一门新的学科。各种数据图形出现在报刊书籍、研究报告和政府报告中,得到广泛应用。这一期间最为耀眼的是法国工程师 Minard 所创作的极具匠心的可视化图形。他认识到关于地理现象的定量信息适合表达在地图上,因此创造了"流地图(flow map)"这一表达方式,这其中也包括最负盛名的拿破仑征俄示意图。在此大的发展背景下,Cartogram 作为术语首次出现于 1851 年 Minard 创作的一系列被称作 *cartogrammes a foyer* 或 *map with diagrams* 的地图作品中。但是遗憾的是,后来 Robinson(1967)在关于 Minard 的文章中,并没有提及这一术语,只是简略地提及了等值区域图(choropleth map)(Tobler,2004)。

在 20 世纪的很长一段时期,数据可视化的发展陷入了短暂的"休眠期",创新的积极性被定量和规范化限制,不过图形表达方法却被进一步广泛应用和大众化。在具体的应用中,1912 年伦敦地铁图这一创新的线路图形式横空出世。同时,Cartogram 得到了较大的发展。1911 年,Bailey 创作了美国的人口比例地图(apportionment map),每个州的尺寸与该州人口数量成比例(图 1.6),并且他给出人口 Cartogram 的一个描述性解释(Nusrat,2017)。该地图是基于人口均匀分布于整个美国,按照每个州的面积与人口数量直接相关的原则进行绘制的。因此,相比于普通地图,该图存在一些显著变化。普通地图中,包括蒙大拿州、怀俄明州、科罗拉多州和新墨西哥州在内的美国西部 11 个州,占据超过三分之一的美国领土,且每个州的面积都比纽约州大得多;而在人口 Cartogram 中,由于面积与人口数据成正比,纽约州所占面积比这 11 个州的面积总和还要多出近 25%。

但此时,地图学者对于 Cartogram 的具体表达形式和概念还没有清晰而正式的认识。很多时候,地图学者将其和等值区域图(choropleth map)、统计地图(statistical map)、变形地图(verzerrte map)等混为一谈(Tobler,2004)。直到 Raisz 于 1934 年正式提出矩形 Cartogram 概念(Raisz,1934,1936),系统地阐述了这种面积比值(value-by-area)图表达形式,才极大地促进了 Cartogram 的发展。

图 1.7 为 Raisz 制作的矩形 Cartogram,图 1.7(a)中矩形面积对应各个区域面积,图 1.7(b)中矩形面积对应各个区域人口数量。其中,密西西比(Mississippi)河和阿巴拉契亚(Appalachian)山脉在两幅图上的不同位置很好地说明了两幅图的差异(Tobler,2004)。Raisz 给出的 value-by-area Cartogram 的定义如下:在 Cartogram 中,地区、国家或者大洲被划分为很多小区域,每个区域都由矩形表示,矩形的面积与该区域内地理对象的分布统计值成比例,并且区域在 Cartogram 中的位置关系与在地理图中保持地理相似性。

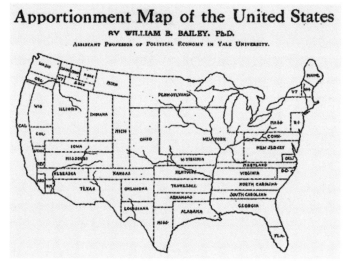

图 1.6   1911 年 Bailey 创作的美国人口分布图

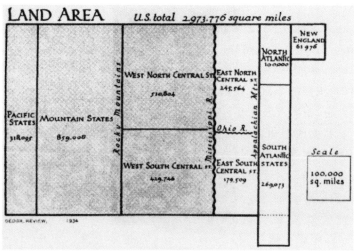

(a)矩形面积与人口普查区域土地面积成正比的矩形 Cartogram

图 1.7   Raisz 制作的矩形 Cartogram

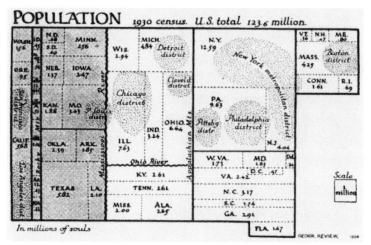

（b）矩形面积与人口普查区域中的人口数量成正比的矩形Cartogram

图 1.7（续）　Raisz 制作的矩形 Cartogram

与之前将 Cartogram 视为地理统计数据可视化方法的研究角度有所不同，Tobler(1961)从投影转换的角度研究 Cartogram。他认为可将 Cartogram 视为一种特殊的地图投影，从地理原图到 Cartogram 的转换过程类似于基于一定数学法则的地图投影映射。这类转换主要有 3 种：拓扑转换（topological transform）、距离转换（distance transform）和面积转换（area transform）。同时作为地理学大师，Tobler 指出在考虑现代交通状况时有必要忽视常规的连续拓扑关系。例如从洛杉矶到纽约的费用低于很多中间城市到纽约的费用，再比如有些地方地理位置上较远而时间上离得较近，这种情况存在很多，因此地图可能需要被"翻转"（turned inside out）。Tobler(1961)将地图投影原理应用于时空地图（time-space map）的构建中，使图中不同位置间的最短时间距离等同于连接它们的直线的距离。Bunge(1960)给出了两种不同概念的时间距离制图方式：同心圆等时线和不规则等时线。这样，20 世纪 60 年代 Tobler 和 Bunge 共同开创了对于时间距离制图研究的先河。

在经历漫长的"休眠期"之后，数据可视化的新思维开始苏醒，计算机的诞生开始引领一个新的浪潮。计算机对数据可视化的影响在于为高分辨率的图形显示和交互式的图形分析提供了手绘时代无法实现的表现能力。另一方面，数理统计把数据分析变成了一门坚实的科学，迫切需要把这门科学运用至各行各业。在应用中，图形表达以其简单直观的形式受到了重视。

这一时期，得益于计算机图形学、统计学和地图学等学科的整体发展，面Cartogram 的自动生成算法开始受到关注。1971 年，Rushton 发布了一个基于物理模拟的计算机程序：一个薄的橡胶片上覆盖了分布不均匀的墨点，这些墨点可用来表示关注点,尽可能地拉伸橡胶片直到墨点均匀分布(Rushton,1972)。这个简单的描述就是最早面 Cartogram 自动生成方法——橡胶地图(rubber map)算法计算机程序的近似数学表述。如果点表达的是人口分布,这样得到的 Cartogram 中区域面积与人口数量成比例。基于此物理模拟程序,Tobler(1973)提出了橡胶地图算法,拉开了连续面 Cartogram 自动生成方法的序幕。这样面 Cartogram 从之前的手工制作发展至自动生成算法。随着面 Cartogram 的自动生成算法研究逐渐升温,新的类型如多林 Cartogram 等也逐渐出现。与此同时,时间距离制图在相关技术与方法的支撑下也得到了持续发展,推动了 Cartogram 在表达距离(旅行时间、费用等)方面(即线 Cartogram)的方法与应用的进步。

1.2.2　Cartogram 理论研究现状

如果沿时间轴纵方向梳理关于 Cartogram 的文献资料,不难发现 Cartogram 的研究范畴在不断拓宽。1934 年 Raisz 正式提出矩形 Cartogram 的概念,详细阐述了面积比值图这类表示方法的内涵,所以早期文献中的 Cartogram 基本等同于面 Cartogram。而随着此类表示方法逐渐被认可以及应用需求的牵引,很多学者将 Cartogram 的概念和类别范畴也从面 Cartogram 拓宽至距离 Cartogram(Shimizu et al.,2009),即 Cartogram 不但可以用面积表示属性值,也可以用距离表示属性值,这里距离不再是传统的空间距离,而是指代旅行时间、旅行费用等距离数据或者更为宽泛的相似性(proximity)数据。除此之外,类似于伦敦地铁图的交通线路图样式也逐渐被一些学者纳入 Cartogram 的研究范畴之中(Tobler,2004;Hennig,2011;王丽娜 等,2017)。

Cartogram 有效性的研究一直是 Cartogram 研究热点之一。Dent(1975)是最早关注 Cartogram 有效性的地图学者。他分别对 Cartogram 中关于形状的认知问题以及读图者对 Cartogram 整体可视化效果的态度等问题进行了调查研究。Griffin(1983)指出设计者可能会为这种新奇的制图表示方法而激动万分,但读图者能应付这种产品吗?他以实验的方式研究了普通地图和无注记 Cartogram 中区域单元的位置识别问题。Krauss(1989)选择了 3 种不同的评估任务(从整体到具体)探究非连续面 Cartogram 在信息传输过程中的有效性,发现非连续面 Cartogram 在表达整体分布信息时效果更好,但不擅长表达具体信息(如不同区域之间的数值比率)。

但是此后很长一段时间,关于 Cartogram 有效性的研究进入了"冷清期"。近些年,随着 Cartogram 的计算机制作方法进一步推广与应用以及互联网的盛行,使越来越多的非专业用户开始接受 Cartogram 并使用 Cartogram 可视化自己的数据。与此同时,更多学者开始更为理性地审视 Cartogram,希望大众不但"更多地"并且"更好地"使用 Cartogram。因此 Cartogram 有效性的研究在最近几年又重新开始"升温"。

　　Sun 等（2010）以问卷调查的方式,使用人口数据和大选数据对比了专题地图和 Cartogram 数据表达的有效性,结果显示 Cartogram 表达大选数据更为有效,而专题地图表达人口数据更为有效。周建平等（2010）通过调查分析则认为 Cartogram 在表达地理信息系统（GIS）中的数量信息时比专题地图更为有效。韩睿（2016）通过问卷调查的形式对比了面 Cartogram 与专题地图在面积大小判别、效率和满意度三方面的研究。Kaspar 等（2011）通过可用性测试,分别对面 Cartogram 和与之信息等价的等值区域图加分级圆表示方法对于空间推理表达的有效性进行比较和分析,结果显示对于人口数据的表达,等值区域图加分级圆的表示方式优于 Cartogram。Nusrat 等（2016）根据 Cartogram 的七个可视化任务——对比、发现变化、定位、识别、发现极值、发现邻接关系和综合（分析和对比分布模式）,通过可用性测试对四种不同类型的面 Cartogram 的有效性进行定量分析,并且通过问卷调查的形式了解用户对不同类型 Cartogram 的主观偏好。结果表明,整体上来说,圆形 Cartogram 和连续面 Cartogram 表现较好,明显优于其他两种类型,矩形 Cartogram 表现较差;圆形 Cartogram 更适用于分析和对比趋势,这可能是由于圆形简单,易于数据模式的传递;但是在表现邻接关系方面,连续面 Cartogram 明显更好,非连续面 Cartogram 不适用于表现察觉变化和表现邻接关系。

　　随着 Cartogram 应用范围的进一步延伸,有些学者也开始关注 Cartogram 对于时间距离表达有效性的研究。关于 Cartogram 与传统表示方法在表达旅行时间等方面的比较中,Ullah 等（2015）对时间 Cartogram、普通地图（general map）和示意性网状地图（schematic map）进行了比较（图 1.8）,结果显示时间 Cartogram 在表达时间距离方面表现最好。

（a）普通地图　　　　　（b）示意性网状地图　　　　（c）时间Cartogram

图 1.8　三种不同样式地图的比较

Hong 等(2017)指出相比等时线(equidistant map)使用颜色深浅表示交通状况,距离 Cartogram 能够让读图者快速获得更高精度的时间信息;并对两类方法进行了评估,时间 Cartogram 明显更具优势。Ullah 等(2016)通过包括视线追踪、发声思维和视频记录方法的可用性测试和在线问卷两种形式对中心型时间 Cartogram 的可用性评估进行了研究。结果显示,带有铁路线的时间 Cartogram 表现最好,而时间 Cartogram 相比其他表达时间距离的方法明显更具优势。

1.2.3　Cartogram 自动生成算法研究现状

在 Tobler 的橡胶地图(rubber map)算法基础上,后续又有学者针对该算法拓扑完整性、计算效率等方面进行了改进(Dougenik et al.,1985)。除此以外,很多学者从几何计算学的角度将连续面 Cartogram 的构建视为一个几何图形的转换问题,通过数学几何计算方法或者计算机图形学中的方法完成它的构建(Gusein-Zade et al.,1993)。也有学者基于自组织映射(self-organizing map,SOM)完成面 Cartogram 的生成(Henriques et al.,2009)。这一时期最为经典的算法是 2004 年 Gastner 和 Newman 提出的基于扩散模型的算法(Gastner et al.,2004),该算法以其有效且高效率的优点得到了广泛应用,也是至今"大浪淘沙"后唯一一个被主流商用 GIS 软件 ArcGIS 所采用的连续面 Cartogram 的自动生成算法。相对于国际上对于 Cartogram 的关注,国内却较少有学者关注 Cartogram 的自动生成算法,华一新(1988)在其硕士论文中关注 Cartogram 这一新方法并有效完成了离散 Cartogram、矩形 Cartogram 和连续面 Cartogram 的计算机制作。陈谊等(2016)对 Cartogram 的地图构建方法进行了总结,并对比分析了不同构建方法的特点。矩形 Cartogram 自动生成算法在 2004 年首次取得突破(van Kreveld et al.,2004)后得到了持续推进(Speckmann et al.,2006)。Dorling(1996)又提出了一种用圆形符号面积表示区域数量指标的多林 Cartogram 自动生成算法。至此,面 Cartogram 的自动生成研究相对完整化。

这一时期,随着交通系统发展所带来的旅行时间地理分布的变化,人们开始关注时间距离制图。这项研究工作在 20 世纪 60 年代开始后,在 70 年代得以发展,很多学者开始致力于时间距离制图的研究(Ahmed et al.,2007)。但是短暂的热潮在 80 年代后开始退却,主要有两方面原因,一方面是由于技术和相关数学方法的制约,另一方面是交通网络中大量地理数据和交通时间数据的处理问题。时间距离制图从所表达的时间距离关系方面可分为两类:一类是以某点为中心,关注中心点与其他点之间的距离关系;另一类是网络型,即考虑所有点之间的距离。前者在计算处理方面相对简单,结果能够唯一;而后者常用的解决方案是用多维标度(multidimensional scaling,MDS)法对时间距离矩阵进行降维,虽然也有学者对方法进行了不断改进,但是计算过程仍然复杂,且结果不唯一(Axhausen et al.,

2006）。这一时期较有代表性的研究是日本学者 Shimizu 等(2009)提出的关于距离 Cartogram 构建的一种新算法,他们将距离 Cartogram 的构建视为非线性最小二乘问题并用数学公式表示出来,然后提出了构建网络型距离 Cartogram 的新方法,该方法相对简单,易于实现,且能够与原地理图进行对比。

从最近几年公开发表的文献来看,地图学者更为关注中心型的时间距离制图及其相关的具体应用(Bies et al.,2012；Hong et al.,2014；沈陈华 等,2015；Hong et al.,2018)。他们利用计算机图形学中的技术方法如薄板样条函数变形技术、三角剖分技术和移动最小二乘算法等完成时间 Cartogram 的自动化构建,无论从算法本身还是生成的时间 Cartogram 的整体效果来说都有不小的进步。还有学者在实时生成中心型时间 Cartogram 方面进行了探索,并设计了交互式的时间 Cartogram 系统(图 1.9)(Hong et al.,2018)。

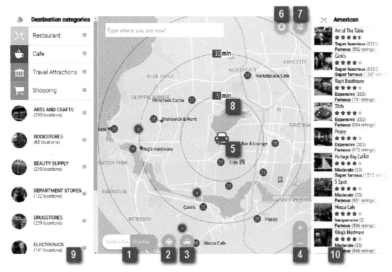

图 1.9　交互式的时间 Cartogram 系统界面

1.2.4　Cartogram 应用研究现状

最近十几年,关于 Cartogram 自动生成算法的研究热潮似乎在逐渐退却,人们开始更为关注的是"如何使用 Cartogram"或者更为具体地说是"如何更好地使用 Cartogram"。目前为止,类似伦敦地铁图的线路样式图迅速为大众所接受和流行,广泛应用于各种线路图尤其是城市道路、管道网络、景区引导图的可视化表达(董卫华 等,2007；遆鹏 等,2015)。但 Cartogram 在表达空间分布数据和时间距离制图方面应用的道路上却似乎没有那么顺利。近些年 Cartogram 的应用范围越来越广,与其他学科的结合让我们看到了 Cartogram 广阔的应用前景,尤其值得一提的是国内越来越多不同学科的学者开始关注 Cartogram 这种方法并应用于多个研究领域。

Cartogram 在早期已作为人口统计数据、流行性病学制图（epidemiological mapping）的主要方法之一。目前基于 Cartogram 的疾病制图方法主要有以下几种：

（1）事件型面 Cartogram。将与疾病相关事件的量化指标（发病率或死亡率等）直接作为面 Cartogram 制图变量，直接通过区域面积大小感知数量信息。相比等值区域图中使用颜色的亮度、饱和度表达定量数值信息，面积大小在视觉通道中表现力更好，更为有效，并能有效解决视觉偏倚问题。具体表达应用包括不同国家在黄热病、硅肺病和空间污染等方面研究的 h 指数，全球不同国家的心脏病死亡率等。

（2）面 Cartogram＋分级符号。将以风险人口（population at risk）为制图变量的面 Cartogram 作为底图，然后将疾病相关指标如患病人数的分类分级结果以分级圆的形式叠加在面 Cartogram 上。这样可以直观地对比不同区域的疾病数量与风险人口之间的关系，从而正确、全面地认识疾病的空间分布情况。

（3）面 Cartogram＋点地图。此方法也是以风险人口作为面 Cartogram 制图变量，不同在于面 Cartogram 叠加的是疾病点数据而非统计图形符号，优势在于疾病数据的数据精度和地理精度都更高，更有利于进一步的分析。

在计算机实现 Cartogram 生成之后，Cartogram 的应用加速并拓展了范围。冯跃等（2009）使用 Cartogram 表达耕地面积在行政区域内的时空变化。Houle 等（2009）利用 Cartogram 表达各州肥胖病患病率的情况以及与社会经济的联系与变化。Hennig（2011）基于扩散算法提出了格网（gridded）Cartogram 的构建算法。该算法旨在改进 Worldmapper 中 Cartogram 技术，通过解决 Cartogram 表达中缺失精确空间参考信息的问题，更好地可视化表达世界人口数据和其他定量地理数据，而生成的格网 Cartogram 则可作为地理底图或者一种新的地图投影。Lawal 等（2014）应用面 Cartogram 对 PM2.5 的分布情况进行可视化，并探索了与人口分布的关系。李嘉靖等（2014）总结了 Cartogram 在人口统计数据、疾病预防、二氧化碳排放量等方面的可视化表达。赵光龙（2014）将 Cartogram 用于我国当前高等教育资源空间分布格局的直观刻画，表达出高等教育资源配置的空间分布差异。Nuñez（2014）论述了 Cartogram 在教学制图（school cartography）方面的应用，指出在教学活动中虽然 Cartogram 无法取代传统专题地图，但是它有一个重要特征，即打破既定的地理和政治边界，通过面积的增大或缩小来强调或者弱化某一主题的重要性，从而帮助学生更好地理解主题。张珣等（2015）基于扩散算法将 Cartogram 应用于北京市 100 m 格网人口统计数据的可视化表达。吴康等（2015）使用 Cartogram 来展现城市收缩与扩张的变化。除此以外，基于扩散算法的

Worldmapper 项目促进了 Cartogram 在科学、教育以及更为广阔的公共学科中的应用。Cartogram 对于美国大选数据的有效表达让 Cartogram 几乎成为可视化大选数据的标准化可视化方法。

　　同时,国内的一些学者也开始关注 Cartogram 对于时间距离的有效表达,利用距离 Cartogram 来展现地理时空变化。陆军等(2013)基于制作的二维扭曲时空地图来探讨高铁发展对于经济区总体格局的影响。沈陈华等(2015)基于旅行者运动轨迹变换生成时间地图,并制作了以南京市为出发点的时间地图。周恺等(2016)通过"时间—空间图"对京津冀城市群的区域时空压缩进行可视化,研究由路网建设带来的交通可达性空间变化。汤晋(2016)在其博士论文中利用时间—空间图来展现长三角地区的时空收缩变迁特征。王丽娜等(2017)基于德国慕尼黑到拜恩州其他城市的旅行时间,构建了以慕尼黑为中心的时间 Cartogram。

1.2.5　Cartogram 研究现状总结与问题分析

　　纵观 Cartogram 的发展和当前的研究现状,可以看到,现代意义上的 Cartogram 是随着统计数据的大量出现以及为表达这些统计数据而创作的统计图形的发展而产生的,并且在计算机出现的大浪潮下,在计算机图形学、数学和地图学相关方法和技术不断发展的推动下,Cartogram 的制作方法从手工制作发展为自动化构建,其应用范围也在不断拓展,延伸至多个学科领域,受众面也越来越广,与此同时 Cartogram 的概念也从模糊到清晰,涵盖范围也在不断拓宽。但是,现阶段 Cartogram 的研究仍然存在诸多问题。

1.　基础理论方面

　　(1)从发展历程上来看,Cartogram 长期以来游离于"地图学""地理信息可视化"和"信息可视化"等多种学科领域的边缘,缺少一个完备的理论与方法研究体系框架,不利于后续的研究者对 Cartogram 展开更进一步研究。

　　(2)Cartogram 的中文释义(见 2.2.1 小节)不一,从一定程度上说明学者对于 Cartogram 的认识还不够全面。这包括对 Cartogram 概念所涵盖范围不够明晰,分类体系不够全面统一。

　　(3)Cartogram 有多少种不同类型的表示方法?它们适合表达什么类型的数据?Cartogram 的表示方法和地图学的表示方法的关系是什么?它和传统表示方法在数据表达效果方面,谁更有优势?这些问题亟须制图学家正面作出回答,同时这些问题的解决也有利于将 Cartogram 表示方法科学地纳入地图学的表示方法体系中。

2.　自动构建方面

　　(1)在 Cartogram 自动生成算法方面,研究多集中于对算法本身的改进,包括提高算法效率、简化运算、提高转换精度等,缺乏从实际应用角度对 Cartogram 自动生成算法进行创新与优化。因此,并没有哪一种算法是完美的,算法的普适性差。虽然也出现了一些较为经典的自动生成算法,如基于扩散模型的等密度连续面 Cartogram 生成算法以及 Shimizu 提出的距离 Cartogram 生成算法等,但在实际的应用中由于现实世界多元变量的可视化实际需求以及极度变形(如时间距离的剧烈扭曲)造成的拓扑错误等多种因素,自动生成算法离实际应用总有"最后一公里"的距离。

(2)目前 Cartogram 还主要用于表示单一的地理要素现象,如人口数据、选举结果等,难以表示多变量、非结构化以及时空特性的数据。如何将 Cartogram 和传统地图表示方法以及其他表示方法相结合使之更好地满足特定的应用需求是一个亟待解决的问题。

3. 工具和应用方面

(1)现在 Cartogram 仍然只是作为一种空间分布统计数据的可视化形式用于表达人口数据、选举结果、疾病发病率等,对于 Cartogram 在新学科、新领域探索的应用研究还较少,并且 Cartogram 应用与各学科的结合度还需要进一步加深。在当今时空大数据时代,时空可视化对于展示与知识挖掘具有重要意义,但遗憾的是较少学者使用 Cartogram 来展示时空数据分布特征的变化并以此分析时空数据变化背后的规律。

(2)目前在开源和商用 GIS 平台上已有 Cartogram 自动生成的插件,但是仅限于连续面 Cartogram 的自动生成,需要进一步丰富完善 Cartogram 工具功能,使 Cartogram 在各行业中得到更好的应用。

第 2 章　Cartogram 理论与方法基础

　　虽然 Cartogram 的研究最早可以追溯到早期的《波伊廷格地图》,但从发展历程上来看,研究分散在统计学、地理学、地图学、计算机图形学甚至艺术等各个学科领域,较为零碎和分散,因此本章力图建立一个统一的 Cartogram 研究体系框架,阐述该框架中 Cartogram 的基础理论、构建方法、应用以及工具与开发四个基本组成部分及相互间的关系,并重点对 Cartogram 的基本问题、表示方法、生成方法和评价方法四个基础理论问题展开研究。本章是全书的理论与方法基础,Cartogram 研究体系框架的建立一方面能够将前人的研究系统地纳入体系框架中,另一方面也试图为后继研究者对 Cartogram 研究体系的完善奠定一个较为科学的理论基础。

2.1　Cartogram 的研究体系框架

　　本书认为 Cartogram 的理论与方法主要包括 Cartogram 的基础理论、构建方法、应用以及工具与开发四部分,其体系框架如图 2.1 所示。

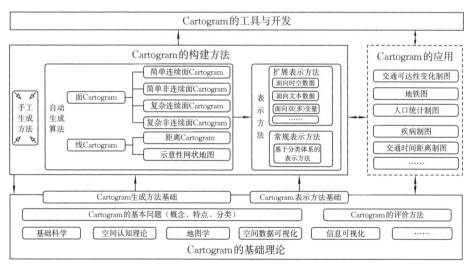

图 2.1　Cartogram 的理论与方法研究体系框架

　　Cartogram 的基础理论是在基础科学、空间认知理论、地图学、空间数据可视化、信息可视化等理论基础上对四个方面开展研究,包括:①Cartogram 的概念、特点、分类等基本问题,这是其他问题的研究基础;②Cartogram 的表示方法基础,包括常规表示方法和扩展表示方法,如何将 Cartogram 表示方法科学地纳入地图学表示方法体系中,以及与传统地图类似的表示方法的区别和联系;③Cartogram 的自动生成算法基础,该问题的研究直接关系到后续自动生成算法的创新和优化改进问题;④Cartogram 的评价方法和评价指标体系。

Cartogram 的构建方法主要有两个阶段。第一个阶段是 Cartogram 的生成,早期主要是通过手工生成方法,随着计算机的出现,Cartogram 的自动生成算法逐渐替代了传统的手工方法。第二个阶段是 Cartogram 的表达,包括常规表示方法以及面向特殊需求或者与其他表示方法相结合形成的 Cartogram 扩展表示方法。

Cartogram 已经在线路样式图、人口统计图和选举图当中得到了广泛的应用,但在其他领域还尚未得到较好的应用。Cartogram 的应用一方面要与其他学科相结合,另一方面还要通过认知以及科学的评价,找出 Cartogram 在表达地理现象中的不足,从而改进自身问题,得到更好的应用。

对于 Cartogram 的工具与开发,目前在商用 GIS 软件和开源 GIS 软件平台上都已有自动生成的插件,但是仅限于连续面 Cartogram 的自动生成。Cartogram 的工具与开发直接关系到 Cartogram 能否得到更好的应用。

以上四个部分是相互联系的有机整体。Cartogram 的基础理论研究是其他所有部分研究的基础。Cartogram 的构建方法直接指导 Cartogram 的工具与开发,并且与 Cartogram 的应用紧密相关互相作用。Cartogram 的工具与开发直接影响 Cartogram 是否能够得到更好的应用,反之 Cartogram 的应用也为 Cartogram 的工具与开发提出了更多的需求。Cartogram 的构建方法、应用、工具与开发的实践都能够更好地对理论起到进一步完善和补充的作用。

2.2　Cartogram 的基本问题

2.2.1　Cartogram 的概念

Cartogram 这种以地理对象的面积或距离来表示其属性特征的图形表达方法有多种中文释义,包括统计地图(罗丁,1987)、拓扑地图(华一新,1988;高俊,1991;艾廷华,2008)、示意地图(张珣 等,2015)、属性地图(高培超 等,2016)或变形地图(信睿 等,2017)等。虽然 Cartogram 是一种统计数据的图形表达方法,但"统计地图"涵盖的范围较广,包括等值区域图、等值线图等在内的一系列地图形式;"拓扑地图"强调了 Cartogram 中拓扑关系保持相对正确的特点,却忽视了 Cartogram 定量表达属性数据的基本特征;"示意地图"对应的英文释义显然是"schematic map",更多地指代地铁线路图样式;"属性地图"虽然强调了 Cartogram 表达属性数据的特点,但难以与传统的表达属性数据的专题地图区分开;"变形地图"虽强调了 Cartogram 外形上的变形特点,但未表现出 Cartogram 定量表达统计数据的特点。

总的来说,这些中文释义都只强调了 Cartogram 的某一方面,难以完全涵盖 Cartogram 的特点与内涵。本书认为 Cartogram 较好的中文释义是"拓扑统计(地)图"或者"变形统计(地)图",但考虑到变形统计(地)图仅指尺寸和大小的改变,而无法反映出相对位置关系的保留,所以最终将"拓扑统计(地)图"作为 Cartogram 的中文释义,并给出拓扑统计(地)图的定义。

拓扑统计(地)图是一种以地理对象面积或距离来表示属性值的图形表达方法,它使用一定的数学法则对地图进行几何变换,使地理对象面积或者距离与某个属性值成比例,同时尽量保持相对正确的空间关系,从而得到一种地理空间"扭曲"的制图表达。拓扑统计(地)图按照图形特征分为面状拓扑统计(地)图和线状拓扑统计(地)图。

2.2.2　Cartogram 的特点

1. 扭曲变形的外形特征

广义上讲,任何地图都存在变形。从真实地理世界到标准地图的过程就是一个简化与变形的过程。从真实的世界到地图要解决两个主要矛盾:一是地球曲面与地图平面之间的矛盾,二是缩小、简化了的地图表象与实地复杂现实之间的矛盾(王家耀 等,2006)。前者矛盾可通过地图投影得以解决,然而无论采用何种地图投影方法,都不可避免地产生变形,这可以说是一种"无可奈何"的变形。后者矛盾可通过制图综合解决,这是一个对地图内容进行抽象概括的过程,简化也包含其中。该过程既有"无可奈何"的变形,也包含些许的"刻意为之"。

有别于标准地图的变形,Cartogram 变形的目的在于将复杂信息简单化、突出化,从符合人类空间认知的角度出发,以"少而精"代替"大而全"来消灭噪声和增强传输效率,更为直接有效地传输信息,并为用户提供一个从新角度审视数据的可能。有的学者认为 Cartogram 是故意制造变形,这样的结论未免过于简单绝对化。Cartogram 并非为了变形而变形,有一种变形如地铁线路图的设计,这个过程中产生的变形是刻意为之的,是以信息的简单有效表达为目的;而为了使区域面积或距离与统计数据成比例而对地理空间进行变形,则是"无可奈何"的变形,该过程的变形与地图投影相似。因此 Tobler(2017)认为可将 Cartogram 作为一种特殊的地图投影来看待。

虽然针对某些特殊目的,Cartogram 这种变形的新奇外观通常能够吸引读图者的注意,激发用户好奇心从而提高地图信息的传输效率,但扭曲变形的外形也是 Cartogram 为人诟病最多的地方。这是因为扭曲变形同时也会造成易读性差、难以理解等问题。如果读图者没有地区自然轮廓、行政区划轮廓的心象地图,阅读这种面积比值的统计地图是难以理解和实现对比联想的,尤其是形状在变化后,难以识别。正如高俊(1991)指出 Cartogram 是利用人脑中已有的地图轮廓的心象地图来拓展地图表示方法,以增强传输效果。

尤其在 Cartogram 的创建过程中,要尽量地减少空间变形,尽可能地保持原地理空间的形状,这样便于读图者的认知与识别。因此在很多的 Cartogram 自动生成算法中,形状保持也是评价 Cartogram 自动生成算法优劣的指标之一。但是我们需要清醒认识到,形状保持或者减少空间变形的目的在于让读图者识别区域从而能够有效地获得信息。而且,形状保持并非唯一识别区域形状的要素。若读图者不是非常熟悉制图区域,是不能单凭形状来识别所有区域的名称的。以中国各省份的区域形状为例,读图者可能熟悉自己所在省份的区域形状,但是其他省份的区域形状呢?即使是区域形状精确的地理图,读图者也难以完全识别。因此可以使用注记来弥补形状变形所带来的不利影响。

2. 定量表达空间数据

作为一种依靠统计数据可视化而逐渐发展起来的可视化方法,与传统专题地图中常用颜色(亮度)表达定量信息不同,Cartogram 通过地理对象尺寸或者距离传递数量概念。正确传递定量信息是 Cartogram 的第一要务,甚至不惜以"扭曲变形"为代价,而是否正确表达数量信息也是评价 Cartogram 自动生成算法的因素之一。以下总结了面 Cartogram 适合表达的数据类型:

(1)人口数量、国内生产总值(GDP)、二氧化碳排放量等的绝对数量在各区域的分布情况。

(2)与面积无关的比率数据在各区域的分布状况,如人口密度数据、老年人在总人口中的比例、某疾病发病率等。实际上,面 Cartogram 是一种均衡密度图,具体指同一区域内的密度是相同的,有同质性(homogeneity)的隐含意义(克拉克等,2014)。

(3)选举结果的表达。以美国大选为例,美国大选采用选举人制度,人口较多的州相对具有较多的选举人票,且采取以州为单位的"赢者通吃"的计票方式,即候选人如果赢得该州的多数人投票,则赢得这个州的所有选举人票。因此,若想正确表示出哪位候选人占据优势,并非看他占据的地图地理区域大小,而是看他占据的选举人票数。传统的地图表示方法如等值区域图以地理剖分为空间单元,过于强调地理区域较大而人口稀少的区域,难以凸显地理区域小而人口密集的区域,会造成地图视觉与数据分布不对称,形成视觉偏倚问题,进而会影响对数据空间分布的理解。而面 Cartogram 从属性数据的角度出发,能够有效地可视化选举结果。从这个层面来说,面 Cartogram 更适合表达与区域地理面积无关的空间分布数据。

(4)疾病数据的表达。疾病数据通常分为两种类型:点数据和面数据。两类数据实际上反映了空间信息的不同精度(施迅 等，2016)。通常来说，点数据对应个体数据(individual data)，例如病例点除了位置信息，还包含如病例年龄、性别、病例特征等属性信息；面数据对应聚合数据(aggregate data)，如某一地区的发病率、死亡率数据等。疾病数据表达的特殊之处在于点数据或面数据的表达与分析，均与人口数据紧密相关。传统的疾病地图表达模型以空间地理剖分区域为基本单元，缺乏对不同区域间人口分布密度差异的统筹考虑，可能会影响人们对规律和空间模式的正确判断和认知。而面 Cartogram 这种可视化方法从人口空间视角切入，能够避免传统地理空间视角下的可视化方法的视觉偏倚问题。从另一方面来说，疾病空间分布特征的全面正确认识需要综合考虑病例点分布、发病率和人口分布等相关信息，传统地图表示方法中难以同时呈现多变量表达，而面 Cartogram 的面积本身已经表达了一个变量，更有利于多变量的表达，显然面 Cartogram 适合表达疾病数据。

距离 Cartogram 既可以表达绝对的旅行时间、旅行费用等数据，也可以表达相对的相似度数据，表征两个对象间关系的指标数据，如经济联系强度数据等。另外，距离 Cartogram 适用于网络空间资源间的关系表达，从距离角度切入，可视化表达出网络空间资源在物理域、逻辑域和社交域内的彼此接近程度和关联强度，使用户能够直观地从"远近"的角度体会网络空间复杂的结构和隐藏的重要关系。

3. 保持相对正确的空间关系

Cartogram 是从属性数据的角度来看待世界，在地理空间上是"扭曲变形"的。但人们惯常的地理空间认知思维是根深蒂固的，为了建立 Cartogram 与地理空间认知间的联系，Cartogram 需要坚守"底线"，尽可能保持相对正确的空间关系。

空间关系主要包括拓扑关系、方位关系和度量关系三种基本类型，它们是定性空间推理的核心(刘瑜 等，2007)。拓扑关系描述基本的空间目标点、线、面之间的邻接、关联和包含关系。方位关系描述地理实体在空间中的某种顺序关系，包括人类认知中的方向概念(上下、左右、前后等)和地理空间中的方位概念(如东西南北等)(肖亮亮，2016)。度量关系利用某种度量指标描述地理实体之间的关系，其中又分为绝对和相对度量关系两种。在地理空间中，三类空间关系具有不同特点。三者并不相互独立，而是互为关联。其中，拓扑关系是空间关系中最基本、约束能力最弱、完全定性的关系，被认为是在认知中最为常用的空间信息，而方位和度量关系则被认为是拓扑关系的精化。拓扑关系最易被识别，但在进行空间定位时，拓扑关系也最为粗糙(王晓明 等，2005)。Mark(1999)通过试验检验拓扑关系模型表达结果与人们对拓扑关系认知的一致性。他让调查人员对 40 个线、面拓扑关系图形进行分类，以及与句子"公路穿过公园"和"公路进入公园"间的含义一致性程度打分。试验结果表明，拓扑关系模型表达的结果与人们通常使用的关系是基本一致的。然而,方位关系和度量关系则经常被扭曲。对象间方位和度量关系的判断受对象空间分布特征(包括对象的尺寸、形状和对象间的距离等)影响(Tversky,1981)。

地理空间关系是人们感知地理空间形态的有效途径,反映的是人们怎样对地理空间形态进行空间推理以及如何描述地理空间的形态。因此,保持 Cartogram 要素之间的空间关系有助于人们更好地理解并使用 Cartogram,以及对空间数据进行组织、查询、分析和推理等。保持正确的拓扑关系对示意性交通网络图至关重要,这是使其符合人类认知和保证用户用图时准确定位、寻址以及导航等的重要因素。

2.2.3 Cartogram 的分类

Cartogram 的分类有利于明确 Cartogram 的研究范畴。虽然线 Cartogram 的概念很早就被提及,但多数研究仍将 Cartogram 分为四类:矩形 Cartogram、多林 Cartogram、离散 Cartogram 和连续面 Cartogram。显然这种分类方法没有将线 Cartogram 纳入 Cartogram 研究体系中。华一新(1988)考虑了线 Cartogram 并根据图上距离或面积是否与属性数据有对应比例关系对 Cartogram 进行了分类。但由于年代较早,该分类方法难以适应当下。随着 Cartogram 的发展,出现了新的 Cartogram 类型,如多林 Cartogram,其研究涵盖范围也在不断拓宽,一些学者开始将地铁图这样的线路图样式纳入 Cartogram 的研究范畴中。因此有必要重新对现在的 Cartogram 分类加以归整,给出一个完整的分类体系,涵盖所有的 Cartogram 类型。本书在主流分类方法的基础之上,首先按照 Cartogram 的图形特征分为线 Cartogram 和面 Cartogram 两大类,如图 2.2 所示。然后再进行细分,其中线 Cartogram 可以分为距离 Cartogram 和示意性网状地图两类,而距离 Cartogram 还可以细分为中心型和网络型;面 Cartogram 可以分为简单连续、简单非连续、复杂连续和复杂非连续面 Cartogram 四类。其中,中心型距离 Cartogram 和复杂连续面 Cartogram(图 2.2 加粗项)是当前 Cartogram 研究的热点。下面简要说明。

1. 线 Cartogram

线 Cartogram 是用线状要素表示地理对象属性特征的一种表示方法。根据图上线长度的意义又可分为距离 Cartogram 和示意性网状地图。距离 Cartogram 图上线长度与实际距离呈比例关系,示意性网状地图图上线长度与实际距离虽然没有严格意义上的比例关系,但通常遵循相对长度原则(肖亮亮,2016),如图 2.3 所示。

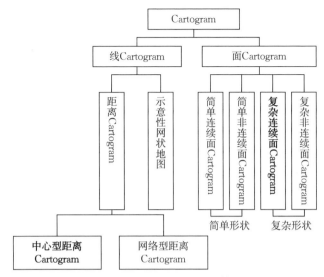

图 2.2　Cartogram 的分类体系

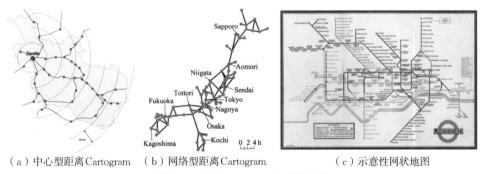

（a）中心型距离 Cartogram　　（b）网络型距离 Cartogram　　　（c）示意性网状地图

图 2.3　线 Cartogram 的三种类型

1）距离 Cartogram

距离 Cartogram 是表示点与点之间相近度的一种可视化表达方法,这里距离的概念是相当宽泛的,除了用真实的地理距离来描述,也可以用旅行时间或者费用等其他因素来描述。若用旅行时间描述,则为时间距离 Cartogram(简称"时间 Cartogram")。可以说,时间 Cartogram 是一种最常见且最典型的距离 Cartogram,并且现有的研究也多聚焦于此。根据点分布模式的不同,又可以分为中心型和网络型。虽然时间距离制图也有三维模型,但本书仅针对二维表达模型进行研究。

网络型时间 Cartogram 表达的是任意两点间的时间距离关系。而中心型时间 Cartogram 表达的是中心点与周围点之间的时间距离关系,这是本书的研究重点。

2）示意性网状地图

示意性网状地图是一种高度概括表达的网络线状结构,用简化的形式表达地理网络的拓扑结构,突出表达地理网络的功能性关系(肖亮亮,2016)。自 Harry

Beck 于 1931 年发布伦敦地铁图后,该地图样式开始广泛应用于城市道路等交通网络的可视化表达中。它的特点是采用呈水平、垂直和 45°角的线条表示交通线路,简化网络形状,同时保留车站的正确方位拓扑关系,将图中拥挤区域相对放大。关于图上距离与实际距离的关系,肖亮亮(2016)针对图上距离与实际距离的关系进行了实证研究,指出相对长度原则的整体保持率和相邻保持率基本保持在 70% 以上。

示意性网状地图和距离 Cartogram 都可以应用于交通道路网的表达,因此有些学者将其混为一谈。但实际上它们是两种不同的表示方法,距离 Cartogram 注重利用线状要素定量表达距离概念;而示意性网状地图则是对线状要素的形状进行简化,注重定性表达。两者最重要的区别在于线长度的意义,在距离 Cartogram 中,线长度代表的是距离的比率数据;而在示意性网状地图中,线更多表达的是节点或站点间的连接关系,线的长度尽可能保持一定的相对长度关系。

2. 面 Cartogram

面 Cartogram 是将区域内的属性信息映射为区域的面积大小,对空间区域的形状进行几何转换,同时尽量保持各个区域的形状和拓扑结构的一种表示方法。它通常按照区域形状特征(简单与复杂)和区域边界是否保持连续性(连续与非连续)分为四类,如图 2.4 所示。

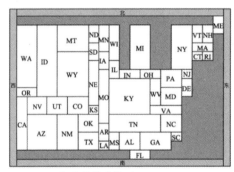

（a）简单连续面 Cartogram

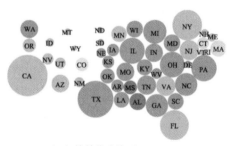

（b）简单非连续面 Cartogram

（c）复杂非连续面 Cartogram

（d）复杂连续面 Cartogram

图 2.4　面 Cartogram 的四种类型

（1）简单连续面 Cartogram。使用简单的图形（如矩形等）表示地理区域，且不同区域之间保持连续性，并尽可能保持相对正确的邻接关系。最具代表性的是 Raisz 于 1934 年提出的矩形 Cartogram。

（2）简单非连续面 Cartogram。使用简单的图形（如圆形或正方形等）表示单个的地理单元。与简单连续面 Cartogram 不同，它并不考虑边界的连续性，但需要保持区域单元间的相对位置关系。最具代表性的是 Dorling（1996）提出的多林 Cartogram（也称圆形 Cartogram）。

（3）复杂非连续面 Cartogram（也称离散 Cartogram）。基于某一属性值，通过面积缩放来调整地理单元大小，舍弃拓扑关系，保留原有地理单元的形状；但由于面积缩放，地理单元之间失去连接，无法保持地理区域边界的连续性（Olson，1976）。

（4）复杂连续面 Cartogram。基于某一属性值，通过变形调整地理单元大小的同时保持整个区域的连续性。关于它的研究最为广泛，通常作为面 Cartogram 的标准类型。这是本书的研究重点。

2.3　Cartogram 的表示方法

2.3.1　Cartogram 的表示方法体系

本书认为 Cartogram 的表示方法可分为常规表示方法和扩展表示方法。常规表示方法是按照 Cartogram 的分类体系组织的，即一类 Cartogram 就代表一种典型的表示方法。因此常规表示方法的重点是需要厘清不同的表示方法所能表示的不同数据类型。扩展表示方法是在常规表示方法的基础上根据特定的数据和应用需求，将 Cartogram 表示方法和其他表示方法相结合形成的表示方法。图 2.5 是本书所建立的 Cartogram 的表示方法体系。

传统地图学表示方法一种是按照图种来划分，例如按照普通地图、专题地图以及专用地图等来描述不同地理要素在不同图种中的表示方法（王家耀 等，2006）；还有一种则是按照不同类型的地理要素来划分，例如按照点状、线（带）状、面状、体状等地理要素来归纳总结表示方法（江南 等，2017）。后者的表示方法分类和 Cartogram 的表示方法体系比较相近，更易于将 Cartogram 的表示方法科学合理地纳入地图学表示方法体系中。如图 2.6 所示，本书将 Cartogram 的常规表示方法按照线状和面状分别归入传统地图学的呈线状分布和呈面状分布的表示方法中，而对于 Cartogram 的扩展表示方法，则需要由传统地图学表示方法、Cartogram 的常规表示方法和其他表示方法组合形成，这一部分内容将随着新的研究出现而不断扩展。将 Cartogram 的表示方法纳入地图学表示方法中有着重要的理论意义,一方面是对 Cartogram 作为一种地图表示方法的正式认可,另一方面也扩展了地图学的表示方法。

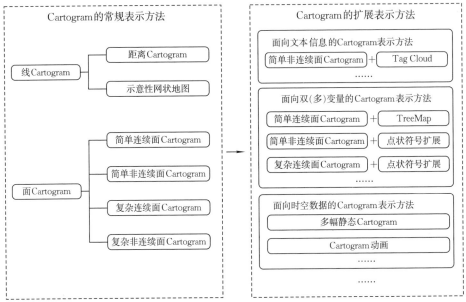

图 2.5　Cartogram 的表示方法体系

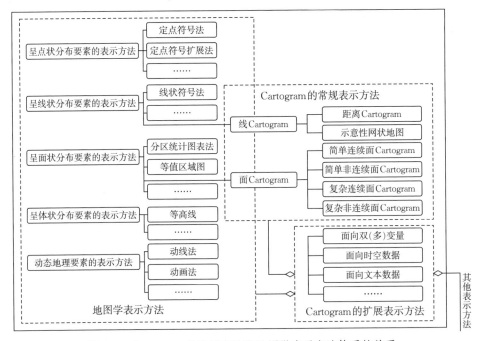

图 2.6　Cartogram 的表示方法和地图学表示方法体系的关系

2.3.2　Cartogram 的常规表示方法

正如前文所述,Cartogram 的常规表示方法重点是厘清不同表示方法适合表示的不同数据类型。Cartogram 的常规表示方法主要表示两种不同类型的数据,一种是属性数据,另一种是空间关系。

1. 属性数据

属性数据按照不同的度量尺度可以分为以下几类:

(1)定名数据,指简单无序的组或类别,如地铁图中的不同地铁线路。

(2)顺序数据,指一些有序的组或者分类,如人口统计图中的人口密度稀疏、密集等。

(3)等距数据,是没有绝对零点的连续数据,而且测量值之间的差异是有意义的,例如人口统计图中的人口密度按照 10 个等级由稀疏到密集排列。

(4)比率数据,与等距数据相似,但是具有绝对的零点,且数值多为精确值,如人口统计图中的人口密度值。

2. 空间关系

空间关系可以分为以下几类:

(1)方位关系,描述地理实体在空间中的某种顺序关系,包括人类认知中的方向概念(上下、左右、前后等)和地理空间中的方位概念(如东西南北等)。

(2)拓扑关系,描述基本的空间目标点、线、面之间的邻接、关联和包含关系。

(3)度量关系,利用某种度量指标描述地理实体之间的关系,如 A 和 B 两点距离为 120 m。

如图 2.7 所示,该图描述了 Cartogram 的常规表示方法、适用数据类型及可表达的空间关系。图中用不同的色相区分方位关系,属性数据中除定名数据为定性数据,其他三者均为定量数据,且是层层递进的关系。定性和定量数据之间使用不同的色相区分,定量数据按照明度层层递进的方式表示,即如果 Cartogram 能够表示高级别的定量数据,则一定可以表示该级别以下的定量数据。如果 Cartogram 能够表示等距数据,那么一定可以表示顺序数据;如果能够表示比率数据,则可以表示所有类型的定量数据。

(1)距离 Cartogram 在属性数据方面主要用来表示比率数据,在空间关系上距离 Cartogram 能够较好地保持方位、拓扑和度量关系,距离 Cartogram 在度量关系上有着示意性网状地图所不具备的优势。

(2)示意性网状地图在属性数据方面主要用来表示定名数据,它在某种程度上可以表示顺序数据,例如在观察地铁图的时候,可以通过站点之间的长短初步判断站与站之间的远近关系,但并不确保一定正确。在空间关系上示意性网状地图能够较好地保持方位和拓扑关系,只能尽可能保持相对度量关系。

（3）简单连续面 Cartogram 在属性数据方面主要用来表示比率数据，同时也可以表示定名数据。由于它保留了原有的相对方位关系，因此较好地保持了空间拓扑关系。另外，由于其区域图形的简单性（如矩形），简单连续面 Cartogram 易于与其他表示方法结合并进行扩展。

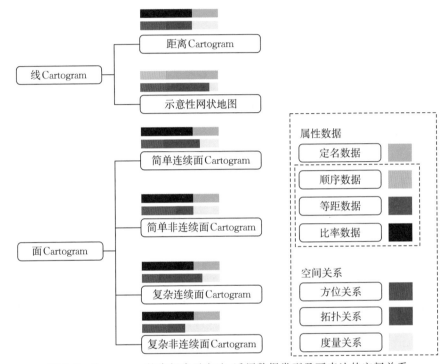

图 2.7　Cartogram 的常规表示方法、适用数据类型及可表达的空间关系

（4）简单非连续面 Cartogram 在属性数据方面主要用来表示比率数据，同时也可以表示定名数据。非连续面 Cartogram 在拓扑关系的保持上弱于连续面 Cartogram，但是其度量关系会强于连续面 Cartogram，同时可以很好地保持相对方位关系；同样由于区域形状较为简单，有利于与其他表示方法进行扩展。

（5）复杂连续面 Cartogram 在属性数据方面主要用来表示比率数据，同时也可以表示定名数据。复杂连续面 Cartogram 的主要优势是可以较好地保持拓扑关系，但由于不规则变形会影响方位关系的保持。对于相邻近的面要素，如果数值差距太大，某些时候会在一定程度上影响到它的度量关系。如图 2.8 所示，图 2.8（a）是原始的格网，格网中有不同的数值，图 2.8（b）是按照不同的数值变换后的复杂连续面 Cartogram，由于格网 B 和格网 D 相邻，且数值差异非常大，为了保持正确的拓扑关系和方位关系，不得不牺牲度量关系。

（6）复杂非连续面 Cartogram 在属性数据方面主要用来表示比率数据，同时也可以表示定名数据。由于该 Cartogram 区域间不连续，且能够保持原始地图的形状，因此能够非常好地保持度量关系，也较好地保持了方位关系，但丢失了拓扑关系。

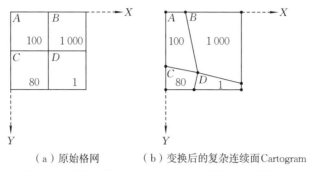

（a）原始格网　　　（b）变换后的复杂连续面Cartogram

图 2.8　复杂连续面 Cartogram 在度量关系上的缺失

2.3.3　Cartogram 的扩展表示方法

1. 面向时空数据的 Cartogram 可视化方法

时空数据可视化是将空间、时间和属性等要素结合，在可视化的基础上表达时空变化与发展过程，直观反映时空对象在不同时间的各个状态与动态变化。关于时空数据可视化方法，Emmer(2001)曾总结了五种方法，包括单幅静态地图、时间序列静态地图、动画地图、交互式的动画和动态链接的动画。这五种方法均反映趋势、周期和顺序的时间模式，同时按照数据复杂性和任务量递增的顺序排列。他认为单幅静态地图和时间序列静态地图适用于描述现象，而时间序列静态地图和动画地图适用于确认数据间的关系，交互式的动画和动态链接的动画适用于探索数据。一般来说，传统的时空数据可视化方法主要分为静态可视化和动画可视化两大类(李响 等，2012；王占刚 等，2014；朱庆 等，2017)。静态可视化主要通过运动符号、扩张符号、结构符号和时间序列静态地图的方式表示现象的空间位置和属性特征的时间变化。动态可视化则通过动画、虚拟现实等形式来展示数据的变化。艾波等(2012)则在此基础上提出了利用透明度表达时空信息。

因此，根据已有研究，结合 Cartogram 的表达特点，本书将基于 Cartogram 的时空数据可视化方法将其分为三类：多幅静态 Cartogram 表示方法、Cartogram 动画和基于透明度的 Cartogram 表示方法。这三种方法的实现将会在本书第 4 章和第 5 章中介绍。

1）多幅静态 Cartogram 表示方法

该方法通过多幅静态 Cartogram 中静态符号视觉变量(颜色、纹理、形状和尺寸等)的变化实现动态变化信息的表达。传统的静态表示方法包括扇形图、堆积饼图、圆环图和折线图等，而针对数据高维多变特点的静态表示方法包括螺旋图时序平行坐标轴、时间轮图等。静态地图是一个持久的图像，读图者有足够的持续时间来对比分析获取所需的变化信息。

统计图形如直方图、饼图等以其直观而简单的优点有效地传递数量信息的变化。作为统计图形与地图结合体的 Cartogram 通过形状大小来展示地理现象的属性数据,形状相比颜色更易于被人感知,因此通过 Cartogram 本身形状的变化能够突出表现地理现象分布规律的变化和趋势。

2)Cartogram 动画

动画地图是时空数据可视化的一种重要手段,是将时间序列静态地图按照时间映射到计算机动画的帧上,通过动画的播放再现时空现象的发展过程。在 Cartogram 中添加时间要素,以动画的方式展现时空数据,有利于提升 Cartogram 的表达能力。

动画地图的优势和劣势显而易见。它的优势在于用动态的观点来观察和认识事物,获得对事物和现象全面和正确的认识,强调整体趋势的变化,让人理解整个过程不仅仅是一个状态。但动画地图的画面是瞬时的,较长和复杂的动画地图会增加读图者理解和记忆的难度。读图者不仅要快速地察觉每一幅画面有什么,还要进行一定的辨别、比较、记忆,进行再一次的抽象、综合。动态现象在动画地图中的变化都在一瞬间,读图者很可能会由于注意力的问题而疏忽这重要的时刻。尤其对于细微的变化,读图者很难辨认出来。相比较而言,Cartogram 的信息表达更加清晰,图上无过多的复杂信息,读图者能够通过 Cartogram 动画快速地感受到颜色色相、亮度或区域形状的变化过程。Cartogram 动画的关键技术问题在于如何在时间域上自然平滑地过渡,目前沈雪等(2018)提出了一种基于物理模拟的 Cartogram 动画方法。

3)基于透明度的 Cartogram 表示方法

该方法是在动画地图的基础之上,利用 Cartogram 图形透明度的变化来描绘时空现象的分布变化和趋势。不同于传统的视觉变量,图形透明度的变化能够给人虚实不同的视觉感受,透明度高,则图形表达较为虚无,透明度低,则图形表达较为实在。另一方面,时空事物的变化并非是瞬间发生的,为了展现渐变性变化,可以使用图形透明度实现"淡入"和"淡出"的效果。图形由虚到实的渐进式变化和事物从无到有逐步出现的过程具有一致性,能够对事物出现和消亡的过程进行模拟。

2. 面向双(多)变量的 Cartogram 可视化方法

面向双(多)变量的 Cartogram 可视化方法是在通过地理对象距离或面积对应表达第一属性变量的基础之上,通过其他手段表达第二或第三变量的方法。目前常用的方法主要是在展示简单区域形状的面 Cartogram(矩形 Cartogram 和多林 Cartogram)的基础上通过符号的扩展对第二变量进行表达。具体的方法和这些方法所存在的问题将会在第四章中详细描述,并且会提出本书的面向双(多)变量的面 Cartogram 构建方法。

3. 面向文本信息的 Cartogram 可视化方法

目前关于面向文本信息的 Cartogram 扩展表示方法是标签云地图方法(华一新 等,2015),它结合了多林 Cartogram 和标签云(Tag Cloud 或 Word Cloud)的特点。标签云是一种简单常见的关键词可视化方法,利用颜色和字体、字号反映关键词在文本中分布的差异。将标签云方法与多林 Cartogram 相结合能够表达出与位置关联的文本信息,是一种有效的空间文本信息可视化方法。其具体的思路如下:首先针对大量的非结构化文本信息,通过词法分析、过滤提取关键词和相应词频,生成离散圆形式的标签云,然后根据标签云位置生成算法获得最后的结果。具体过程如图 2.9 所示。

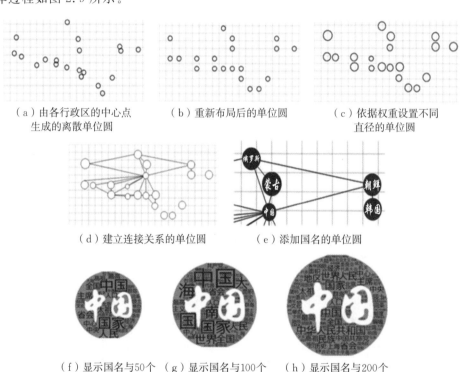

（a）由各行政区的中心点　　　（b）重新布局后的单位圆　　　（c）依据权重设置不同
　　生成的离散单位圆　　　　　　　　　　　　　　　　　　　　　直径的单位圆

（d）建立连接关系的单位圆　　　　　（e）添加国名的单位圆

（f）显示国名与50个　　（g）显示国名与100个　　（h）显示国名与200个
　　标签的单位圆　　　　　　标签的单位圆　　　　　　标签的单位圆

图 2.9　多林 Cartogram 和标签云相结合表达空间文本信息

2.3.4　Cartogram 与传统地图表示方法的区别与联系

Cartogram 是一种典型的统计数据可视化方法,要想将其纳入地图学的研究框架之中,需要对 Cartogram 和传统的地图表示方法的异同进行有效的辨析,探究 Cartogram 的表达特点。传统的地图表示方法通过不同层次的符号组合(点、线、面、体)反映制图对象在特定区域内的属性特征,通过地图学家的不断研究和长期的地图制图实践,传统的地图表示方法已形成较为完备的分类体系(江南 等,

2017）。考虑到不同方法的比较需要表达等价信息，在 Cartogram 与传统地图表示方法的比较研究中，本书选择同样表达时间距离的中心型时间 Cartogram 和等时线图作为比较对象，选择定量表达面域数据的连续面 Cartogram 与等值区域法、分区统计图表法进行比较。

本书按照数据—表达方法—表达效果这条主线对不同的表示方法进行比较与分析，从数据表达特征、表达方法（符号类型和视觉变量等）和表达效果三个方面来阐述不同表示方法间的区别与联系。

1. 中心型时间 Cartogram 与等时线图

等时线是等值线的一种，是由具有相等时间值的各点所连接成的一条平滑曲线，等时线图是表示连续分布且又逐渐变化现象的一种主要方法。这里所说的等时线图指的是传统地图学中的等时线图，地理空间不变形。

1）表达的数据类型与特征

中心型时间 Cartogram 和等时线图表达的数据都是中心点与周围点之间的时间距离，反映中心点与周围点的时间距离关系。通常单位为分钟、小时等，属于绝对比率数据。

等时线图一般用于表达连续分布而又逐渐变化的现象，一般来说，这种变化是渐进式的。如果有突变式的变化，生成的等值线会出现"岛"，且较为杂乱。由于交通条件的不断发展，时间距离的空间分布并不完全呈现出连续渐变的特性。例如有些城市虽然空间距离较近，但时间距离较远。而中心型时间 Cartogram 则可以有效地展示此现象，并通过地理区域扭曲变形程度表达出这种"突变"现象。

2）表达方法

等时线图和中心型时间 Cartogram 都使用线状符号表达时间距离概念，如图 2.10 所示，前者为不规则形状，后者为同心圆。等时线图通过在不规则等时线间铺染不同色相或亮度的颜色表示时间长短的数量分级特征，一般颜色越深表示数量越大，即时间越长。而中心型时间 Cartogram 则通过与中心点的距离远近表示时间的长短，并且通过同心圆等时线的间距加强时间距离信息的表达。

3）表达效果

等时线图能够有效地表达交通状况的序级情况（如快、慢等），但是读图者很难仅依赖颜色解译定量旅行时间的具体数值大小。中心型时间 Cartogram 虽然变形扭曲却能够让读图者更直观且更高精度地解译旅行时间数值。这是因为旅行时间是直接根据位置解译的，认知负荷小，这也被认为是最为精确的编译定量信息的视觉通道。此外，读图者通过同心圆等时线能够很容易比较不同目的地的时间长短，不需要额外努力或者记忆每个位置的具体时间就能够很快作出与时间相关的决策。

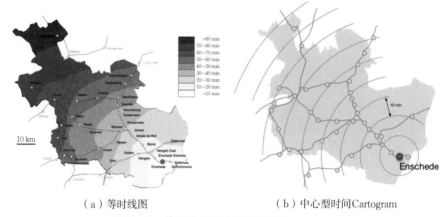

（a）等时线图   （b）中心型时间Cartogram

图 2.10   等时线图和中心型时间 Cartogram

2. 连续面 Cartogram 与等值区域法、分区统计图表法

等值区域法（choropleth map）又称为分级统计图法，是以一定区划为单位，根据各区域内制图要素的数量平均值进行分级，通过面状符号的设计表示出该要素在不同区域内数量差别的方法。自 1826 年由 Charles Dupin 制作的用黑白底纹描述法国识字分布情况的世界上第一幅等值区域图诞生以来，该法以其简洁有效的表达方式得到迅速传播和广泛应用。分区统计图表法是以一定区划为单位，用统计图表符号表示各区划单位内地图要素各方面特征的方法，该方法的关键在于进行统计图表符号的设计。三种表示方法的异同对比如表 2.1 所示。

表 2.1   连续面 Cartogram 与传统地图表示方法的异同比较

表示方法	表达数据量表	数据是否分类分级	表示数量的视觉变量	符号类型	是否变形	单(多)变量
连续面Cartogram	绝对/相对比率数据	否	区域面积(区域颜色辅助分级)	面状符号	是	单(多)变量
等值区域法	相对数值	是	颜色(亮度、饱和度)或纹理	面状符号	否	单变量
分区统计图表法	绝对数值(分级的)	两者皆可	点符号尺寸(如圆面积、柱状高度等)	点符号(统计图表符号)	否	单(多)变量

1）表达的数据类型与特征

连续面 Cartogram 所表达的数据不经过数据分类分级，既能表达如人口数量、GDP 这些绝对比率数据，又能表达如人口密度数据这类相对比率数据。

等值区域法所表达的数据是经过分类分级的，适合表达呈面状分布的相对数值指标，不适合表达绝对数值指标。该方法所表达的平均数值主要有两种形式：一是比率数据或相对指标，如人口密度（人口数量／区域面积）、人均收入（总收入／人口数量）等；二是比重数据或结构相对数，如耕地面积占总面积的百分比。

分区统计图表法既可以表达分类分级后的相对数据，又可以表达不分级的绝对数据。

2）表达方法

连续面 Cartogram 通过面状区域的面积表示数量信息，有时也用区域明暗不同的颜色辅助表示等级特征或者通过色相表示定性特征。连续面 Cartogram 通常表达一类数据，即单变量，但也有学者在双（多）变量表达上作了有益的尝试。

等值区域法用面状符号的颜色（亮度）或纹理来表达要素的分级特征，通过色彩的同色或相近色的亮度、饱和度变化，或晕线的疏密变化反映现象的强度变化和等级感，但通常只能表达单变量。

分区统计图表法使用点状的统计图表符号表示数据信息，统计图表符号样式多样，可以通过多种视觉变量的变化表示出多种指标的关系与信息，包含信息量较多，既能通过不同符号表示出质量特征，又能通过符号尺寸（如柱状图的高度）表达出等级特征和精确的数值特征（江南 等，2017），因此该方法可以表达单（多）变量。

3）表达效果

连续面 Cartogram 最大的特征在于扭曲变形，但却是新奇的、引人注意的。一般情况下，相比颜色表示定量数值信息，面积大小在视觉通道中比颜色的亮度、饱和度表现力更好，能够更好地传递数量信息（陈为 等，2013）。从这一点来说，相比于等值区域法，连续面 Cartogram 在传递定量信息方面更有优势。但是，由于连续面 Cartogram 扭曲引起的区域单元形状不规则会造成难以判断具体数值差异的问题。

等值区域法的图面简洁清晰，视觉感受效果好。但由于其视觉印象主要受区域颜色和区域面积大小的影响，等值区域法在表达与面积无关的比率数据时，整体效果更多地取决于统计单元的面积大小而非颜色亮度所代表的实际值。如果数据与地理区域大小不对称，可能会造成读图者对数据的错误理解。这个问题在用等值区域法表达大选状况时比较突出。相较于等值区域法，面 Cartogram 能够更好地解决与面积无关的比率数据的表达问题。

图 2.11 为 2012 年的美国大选结果图。若看图 2.11（a），会认为共和党获得了更多选票，因为红色区域较大。但其实美国大选的结果与各州的选举人票数相关，有的州地广人稀，选举人票数少，而有的州面积小却人口众多，选举人票数多。因此图 2.11（a）的可视化结果容易让人产生错误的认识，图 2.11（b）则是根据各州选举人票数重新可视化的结果。

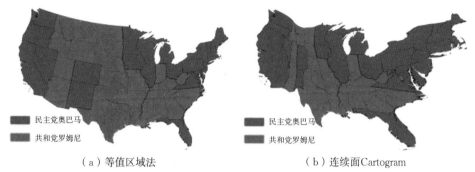

（a）等值区域法　　　　　　　　　　（b）连续面 Cartogram

图 2.11　等值区域法和连续面 Cartogram 表达美国大选结果

　　分区统计图表法整体视觉效果受统计符号排列的影响。简单规则符号（如分级圆）的面积能够较好地传递出数量间的差异，但是该方法在表达时也存在一定问题：①由于需要放置统计图表符号，该方法对于图上区域面积有一定要求，如果图上区域面积较小，而统计图表符号较大，会造成"压盖"现象；②分区不宜过多，过多的符号会影响图面效果；③使用不同柱状图表示数量信息时，由于柱状图分散于图中，不在同一水平线上，因此难以比较数量差异。

2.4　Cartogram 的生成方法

2.4.1　手工生成方法

　　华一新（1988）对 Cartogram 的手工构建方法进行了如下总结。

　　对于不连续面 Cartogram 的制作，Dent（1975）提出一个利用光学缩放仪的方法。先画出一幅普通地图，然后通过光学缩放仪对图形进行缩小或放大，使每个区域逐次达到合适的面积，并绘于图上。最后把达到指定面积的所有区域合理地拼合在一起。由于各区域都是相似变换，因此保持了各自的形状，但是拼合后各区域之间必然会产生裂缝。

　　制作连续面 Cartogram 需要考虑各区域的形状和制图区域的整体形状，要求尽可能地减少空间变形，同时必须保持区域间正确的邻接关系。第一种方法是在方格纸上制作连续面 Cartogram：①化简边界，面 Cartogram 的变形较大，为了计算方便，不需要保留图形的细节信息，只要保持大致形状即可；②选择比例因子，把实际的数据转换为图上面积，算出各区域所占的方格数；③创建变形的方格地图，通过不断地修改，使每个区域方格总数不变，并尽量保持原有的形状；④创建图例。可以看出第③步是最关键的，看似简单，实际是单调反复且费时的。

　　第二种方法是用物理方法来制作 Cartogram。简单来说，就是用正方形木片或塑料板来代替上面提到的方格纸中的方格,并在木片或塑料板上漆上不同颜色或标上符号,以区分这些木片或塑料板所表示的区域,每个区域有多少块可用前面所述的方法算出;然后对照一幅地理底图,在尽量保持区域形状的基础上,用这些小方块组成各个区域,并达到一定的面积;完成后,用纸绘出它们的轮廓即可,这比起方格纸似乎要方便些。

矩形 Cartogram 的制作其实比连续面 Cartogram 的制作还要麻烦,因为它要求只有简单的矩形组合,每个区域的边都必须是水平或垂直的,并且仍要保持相对正确的邻接关系。可以这样制作:①先不考虑区域面积,在保持图形拓扑关系的前提下把各个区域化简为矩形或简单的矩形组合,称为矩形 Cartogram 原图;②通过在方格纸上移动矩形 Cartogram 原图中的每条横线和纵线,使每个区域在保持图形拓扑关系的前提下达到各自应有的面积。这里特别指出一点,即使对同一幅地图底图及同样的数据,第①步和第②步的结果也不是唯一的,因此最终的结果并不是唯一的。连续面 Cartogram 也存在这样的问题。

2.4.2　线 Cartogram 的自动生成算法

1. 示意性网状地图的自动生成算法

示意性网状地图自动生成的基本思路是首先制定设计规则,将其作为约束条件,然后通过设计算法求解最优结果。

1)示意性网状地图设计规则

示意性网状地图的生成一般按照以下三个步骤(Li, 2015)进行:①线化简;②将线投影到格网上,保证所有方向都是水平、垂直或 45°;③扩大拥挤区域。

Elroi(1991)和 Avelar 等(2006)给出示意性网状地图应符合的五大规则,分别是:

(1)拓扑关系。原网络地图和生成的示意性网状地图拓扑关系保持一致。

(2)线段走向。线段保持水平、垂直或 45°。

(3)最小长度阈值。为确保清晰,线段的长度应不小于最小长度阈值。

(4)要素距离的最小阈值。为确保清晰,相离要素之间应不小于最小距离阈值。

(5)最小角度阈值。为确保清晰,两个相邻边之间的角度应不小于最小角度阈值。

Anand(2006)在使用模拟退火算法生成示意性网状地图时又增加了两个次要规则的约束:

(1)旋转方向。边的旋转方向应尽可能与初始方向接近。

(2)位移。点的位置应尽可能与初始位置接近。

逯鹏等(2015)从单线、网络、注记和颜色等方面对现有的示意性网状地图的示意化规则作了系统的总结。

2)示意性网状地图生成算法

示意性网状地图生成算法研究始于 20 世纪 80 年代末,按照时间大致可以划分为三个阶段。

(1)20 世纪 80 年代末至 20 世纪末。Elroi(1991)最早提出了一种格网匹配的方法,其核心思想是首先将线进行化简,然后匹配到格网上,以确保线的走向保持水平、垂直或 45°角方向,并且可以将密度较高的局部区域扩大,防止拥挤,如图 2.12 所示。

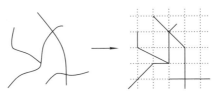

图 2.12　格网匹配方法的核心思路

Avelar 等(2000)采用传统的道格拉斯-普克算法对线进行简化预处理,然后根据约束条件对原有的顶点进行迭代位移,在每一次迭代过程中需要对几何和拓扑关系一致性进行检查,直至满足条件结束。Barkowsky 等(2000)提出一种基于离散曲线渐进方法来简化图形的算法。其核心思想是通过建立一个成本函数 k 来描述曲线弯曲的强度,根据 k 值逐步消除弯曲。

这一阶段的研究特点是通过设计一个或者若干个局部算子,根据不同的约束规则选择相应的算子,反复迭代,直至原始图形收敛成示意性网状地图。但算法对时间效率考虑较少,也未从理论上给出算法的复杂度。

(2)20 世纪末至 21 世纪初。Neyer(1999)提出了一个给定方向的线化简算法,如图 2.13 所示,并将其应用在示意性网状地图中。该算法的核心思想是基于水平、垂直和对角线四个方向的集合 C,找到一条与原始曲线 P〔图 2.13(a)中虚线〕的 Fréchet 距离小于常数 ε 的新曲线 Q〔图 2.13(a)中实线〕,该曲线包含最少的线段数 k,且每个线段方向都属于集合 C,该算法的复杂度为 $O(kn^2\log(n))$,其中 n 表示复杂度问题的规模。

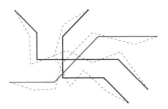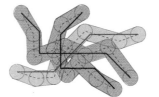

（a）变化前后对比　　　（b）Fréchet距离小于常数ε的区域

图 2.13　给定方向的线化简算法思想

Cabello 等(2001)提出一种不顾及线的原始形状的示意性网状地图生成算法，如图 2.14 所示。该算法的核心思想是原始网络节点的位置保持不变，通过 2 折或者 3 折的折线将节点连接起来，其中折线上各段的方向归为水平、竖直或对角线；在一般情况下复杂度为 $O(n\log^3(n))$，如果所有的边沿某一方向(顺时针或者逆时针方向)是单调的，则该算法的复杂度为 $O(n\log(n))$。

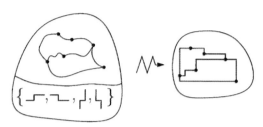

图 2.14　不顾及线的原始形状的示意性网状地图生成算法

在之前研究的基础上，Avelar(2007)又进一步探讨拓扑检查的算法，重点研究了基于梯度下降的迭代算法是否收敛以及结束条件的判定。

针对上一阶段研究的不足，这一阶段从整体上考虑如何生成示意性网状地图，并充分考虑时间效率，同时科学地给出算法的复杂度。

(3)21 世纪初至今。这一阶段涌现出了一些新的算法。Anand(2006)分别采用模拟退火和梯度下降算法迭代生成示意性网状地图。张蓝等(2015)将研究的重点从以线为单位转移到以闭合多边形(网眼)为基本单元，利用网眼的独立性与邻接性提出多边形生长算法，与单纯的线化简算法相比，该算法在拓扑一致性方面具有优势。为保证路径在视觉上的连续性，Li 等(2010)提出基于路划的示意性网状地图生成算法，其主要思想是通过属性一致性或几何连通性构造路划，以路划为基本单元进行形状化简并最终生成示意性网状地图。

2. 距离 Cartogram 的自动生成算法

目前对于距离 Cartogram 的研究主要关注时间距离关系，因此，下文重点介绍时间 Cartogram 的自动生成算法。时间 Cartogram 分为两种：网络型时间 Cartogram 和中心型时间 Cartogram。前者关注的是整个区域所有点对间的距离关系，后者仅关注周围点与中心点之间的距离关系。

1)网络型时间 Cartogram 的创建

该创建过程主要面临两个方面的挑战(Ahmed et al.,2007)。一是时间空间是一个非度量空间，时间距离难以在二维地图上定量表达。这是由于源自交通网络中的起点与终点之间的时间距离矩阵违背了度量空间的两个特性——对称性 $[d(x,y)=d(y,x)]$ 和三角不等式 $[d(x,z)\leqslant d(x,y)+d(y,z)]$。二是将高维的距离或相近性数据映射到二维的地图平面上，不可避免地会产生扭曲和变形。并且，交通网络中的时间距离矩阵并不总是对称矩阵，因此在转换过程中出现的问题更多。因此,在实际的算法实现中,为了简便计算,可以假设时间距离矩阵是对称矩阵。这样,关键的问题就在于对时间距离数据的降维,并且尽量保持点集原有的整体结构特征,尽可能提高转换精度(时间距离的正确性),与此同时保持识别性,减少扭曲变形。

1973 年 Marchand 首次将多维标度(multidimensional scaling,MDS)法这种降维方法引入网络型时间 Cartogram 的构建中。MDS 法用降维方法将数据从高维的时间距离数据降到低维空间(二维欧氏空间),并使其尽可能与原先的距离关系"大体匹配",力求保持数据之间的相对位置关系,使由降维引起的变形最小。

设矩阵 $\boldsymbol{D}$ 是数据点对之间的时间距离矩阵,矩阵中的每个 $d_{i,j}$ 表示第 i、j 两点之间的时间距离。该方法的目的就是找到一个合适的在二维平面的拟合图 f,使 i、j 点在二维拟合图中的距离 $\delta_{i,j}$ 与 $d_{i,j}$ 的差异 σ 最小。矩阵 $\boldsymbol{D}$ 表示如下

$$\boldsymbol{D} = (d_{i,j}) \qquad i,j = 1,2,\cdots,n \tag{2.1}$$

$$\mathrm{MIN}\sigma = \sum \left\{ d_{i,j} - f(\delta_{i,j}) \right\}^2 \tag{2.2}$$

虽然该方法有效解决了时间距离数据的降维问题,能够表示出相近性,但没有严格考虑地理拓扑关系。因此,虽然有不少学者试图用逐步回归 MDS、加权的最小二乘法估计和橡胶板(Rubber-sheet)(图 2.15)等对算法进行改进(Axhausen et al.,2006;Shimizu et al.,2009;Ficzere et al.,2014),但是最终结果依然不够令人满意。虽然 Shimizu 等(2009)提出了一种有效生成网络型时间 Cartogram 的算法,但是该法舍弃了地理要素如边界、河流等,只保留了点与点之间的连线。除了考虑所有点对间的距离,有时还需关注部分网络点集之间的距离关系,计算部分点对之间的时间距离,因为不是所有的点之间都有连通,如高铁站点网络。显然,这样计算量会减少,扭曲变形相对小,易于识别,但要应对配置结果不确定性的问题(Shimizu et al.,2009)。

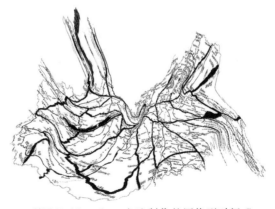

图 2.15　利用 Rubber-sheet 方法制作的网络型时间 Cartogram

一直以来,时间 Cartogram 由于本身的扭曲变形造成的空间识别问题一直被一些学者所诟病。因此,为了保留图中的地理点要素位置不变,Buchin 等(2014)提出了一种保证点要素位置不变的时间 Cartogram,使用正弦曲线来对应两点之间的旅行时间,但是曲线不便于进行长度(旅行时间)的比较,如图 2.16 所示。

图 2.16　Buchin 提出的正弦曲线表示
时间距离方法

2)中心型时间 Cartogram 的构建

相比于网络型时间 Cartogram 的构建,中心型时间 Cartogram 的构建是一个相对简单的过程,结果能够唯一,并且计算相对简单,表达效果也更优,应用也更多。因此,最近关于时间 Cartogram 的表达多集中于此,同样这也是本书的研究重点。

中心型时间 Cartogram 的构建方法最早由 Bunge 提出,Bunge(1960)提出两类等时线表示方法——不规则等时线和同心圆等时线。Clark(1977)通过以某点为源点(该点转换前后位置不变)的方式,采用广度优先搜索算法创建时间 Cartogram,如图 2.17(a)所示。Shimizu 等(2009)认为中心型时间 Cartogram 可看作是网络型时间 Cartogram 的特殊简化形式,应用同样的算法制作了以单源点为中心的图,如图 2.17(b)所示,同样舍弃了地理背景。Kaiser 等(2010)提出了一种基于加权 MDS 的时间距离网络转换算法,该算法针对的是以用户位置为中心的时间距离关系,因此时间距离矩阵数据的处理相对简单一些,最终的结果如图 2.17(c)所示,但该法本身难以严格确保拓扑关系。

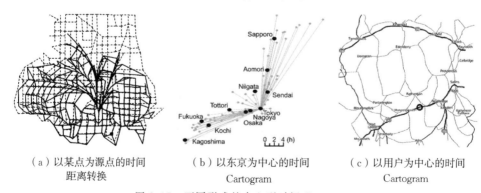

（a）以某点为源点的时间　　　（b）以东京为中心的时间　　　（c）以用户为中心的时间
距离转换　　　　　　　　　　　Cartogram　　　　　　　　　　Cartogram

图 2.17　不同形式的中心型时间 Cartogram

随着对于中心型时间 Cartogram 研究的发展,Bunge(1960)提出的同心圆等时线的中心型时间 Cartogram 的具体表达方式重回学者的研究视野。该方法与人对于时间距离的认知更具有一致性,并且可视化效果更好,不少学者展开对该法的自动化实现研究。关于该法的具体自动化构建方法及所存在的问题将在第 3 章详细探讨。

2.4.3　面 Cartogram 的自动生成算法

1. 简单连续面 Cartogram

最典型的简单连续面 Cartogram 是矩形 Cartogram,它的优点在于形状简单,面积易于估计和比较;缺点是可识别度低,而且每个矩形在满足面积正确的前提下难以保证所有区域之间保持正确的邻接关系。因此矩形 Cartogram 的计算机自动生成是相当困难的,在很长一段时间内都是手动创建的(van Kreveld et al., 2004;Buchin et al.,2012)。华一新(1988)通过半自动化手段完成了矩形 Cartogram 的创建,具体方法是先制作出不考虑区域面积的矩形 Cartogram 原图,然后确定区域面积值并考虑拓扑关系,利用约束非线性最优化算法创建矩形 Cartogram,如图 2.18 所示。但该算法精度不高,运算复杂,数据处理能力不高。Van Kreveld 等在 2004 年首次提出矩形 Cartogram 自动生成算法,其核心思想是将每个国家或者地区看作一个节点,而国家相邻则用一条线表示,形成一个网络连接图,该网络连接图需要满足以下条件:

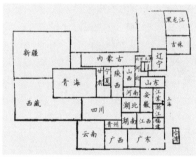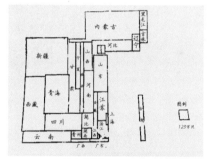

（a）矩形Cartogram原图　　　　　　　（b）矩形Cartogram

图 2.18　华一新的矩形 Cartogram 计算机制作方法

(1)除最外面的一个面外,每个面都是三角形。

(2)每个节点度数小于 4。

对于无法满足上述条件的地区和国家,则需要进行相应的处理,然后根据网络连接图找到一个对偶的矩形 Cartogram,并按照给定的属性值为每个矩形赋上不同的面积比,如图 2.19 所示。

此后,很多学者还持续推进了矩形 Cartogram 的自动生成算法(Heilmann et al.,2004;Speckmann et al.,2006;Ryo,2012)和表达研究(Jhong et al., 2011)。除此以外,基于矩形易于分割的特性,可将矩形 Cartogram 和文本信息可视化技术 TreeMap 相结合表达多层次信息的空间定位（Slingsby et al.，2010；Buchin et al.，2011；艾廷华 等，2013），如图 2.20 所示。

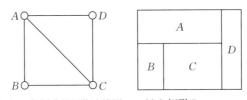

（a）三角剖分的网络连接图　　（b）矩形Cartogram

图 2.19　矩形 Cartogram 自动生成算法

图 2.20　矩形 Cartogram 与 TreeMap 相结合

2. 简单非连续面 Cartogram

简单非连续面 Cartogram 最典型的是多林 Cartogram，它的自动生成算法首次由 Dorling 提出，该算法相对简单，易于实现可视化应用（Tao，2010；Jin et al.，2014）。它的创建一般基于三个原则：①保持整体结构的地理相似性；②尽可能表达出区域间的邻接性；③避免重叠。该算法并没有完全考虑原则①，这会造成多林 Cartogram 中的相对位置与地理图中的实际位置相去甚远的问题。Inoue（2011）注意到这一问题，同时综合考虑以上三个原则，将多林 Cartogram 的创建视为一个不等式约束非线性最小二乘问题，提出一种新的多林 Cartogram 的创建算法，旨在更好地保持多林 Cartogram 整体区域的地理相近性。

3. 复杂非连续面 Cartogram

复杂非连续面 Cartogram 自动生成算法简单、易于实现，也有在线的自动创建应用。其基本思想是保持地理单元中心不变,基于某一属性值对地理单元进行面积缩放。Olson(1976)总结了该类 Cartogram 的三个优点:①区域间的空隙更有利于数值差异的表达;②创建过程简单;③保持原有地理单元形状,识别相对容易。但同时它的缺点更为显而易见:①为了保形,舍弃了人最易感知的拓扑关系;②转换后个别区域变得很小,难以识别,且整体上与原地理模式相差很大。

4. 复杂连续面 Cartogram

复杂连续面 Cartogram 的自动生成研究是面 Cartogram 的研究重点和难点,出现了很多自动生成算法,如图 2.21 所示。

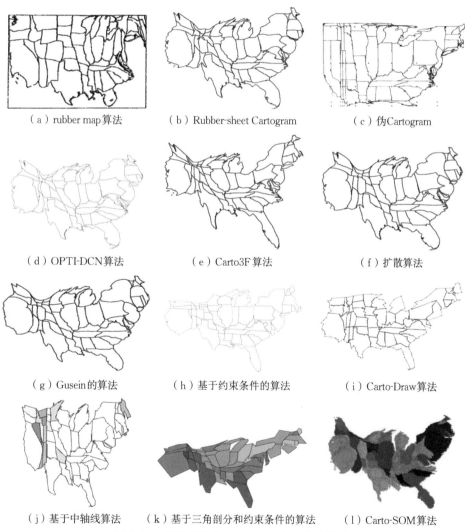

　　（a）rubber map算法　　　　　（b）Rubber-sheet Cartogram　　　　　（c）伪Cartogram

　　（d）OPTI-DCN算法　　　　　（e）Carto3F 算法　　　　　　　（f）扩散算法

　　（g）Gusein的算法　　　（h）基于约束条件的算法　　　（i）Carto-Draw算法

　（j）基于中轴线算法　　（k）基于三角剖分和约束条件的算法　　（l）Carto-SOM算法

图 2.21　复杂连续面 Cartogram 自动生成算法

复杂连续面 Cartogram 的基本思想是找到一个原空间位置 r 和新空间位置 $T(r)$ 的变换 $r \to T(r)$，该变换满足如下条件，即面积比与密度比成正比，其中，$\rho(r)$ 为空间位置 r 的密度，$\bar{\rho}$ 为整个区域的平均密度，T_x 和 T_y 为 T_r 在二维平面上的坐标分量。其表达式如下

$$\frac{\partial(T_x, T_y)}{\partial(x, y)} \equiv \begin{vmatrix} \dfrac{\partial(T_x)}{\partial(x)} & \dfrac{\partial(T_x)}{\partial(y)} \\ \dfrac{\partial(T_y)}{\partial(x)} & \dfrac{\partial(T_y)}{\partial(y)} \end{vmatrix} = \frac{\partial(T_x)}{\partial(x)} \cdot \frac{\partial(T_y)}{\partial(y)} - \frac{\partial(T_x)}{\partial(y)} \cdot \frac{\partial(T_y)}{\partial(x)} = \frac{\rho(r)}{\bar{\rho}}$$

$$(2.3)$$

从技术角度可将现有的复杂连续面 Cartogram 自动生成算法归为三类（王丽娜 等，2017），具体如下。

1）基于数学—物理过程模拟的 Cartogram 生成算法

此类算法主要包括橡胶地图（rubber map）算法、衍生的改进算法以及基于扩散模型的等密度算法（简称"扩散算法"）。

橡胶地图算法始于 Rushton 在 1971 年发布的一个基于物理模拟的计算机程序。可以想象，一个薄的橡胶片上覆盖了分布不均匀的墨点，这些墨点可以表示关注点，尽可能地拉伸橡胶片直到墨点均匀分布。这个简单的描述就是该计算机程序的近似数学表述。如果点表达的是人口分布，这样得到的 Cartogram 区域面积与人口成比例。Tobler(1973)提出了橡胶地图算法，将原始地图划分为规则格网，并计算每一个格网所对应的人口密度。然后在满足四个邻接单元密度误差最小的条件下，对每一个格网单元的顶点进行向外拉伸或者向内收缩。不断迭代该过程，直至不能再改善。约束条件是角度变形最小。因为需要进行拓扑检查，收敛过程非常缓慢。虽然这个程序较简单，但拉开了 Cartogram 自动生成研究的序幕。Dougenik 等(1985)在该算法基础上引入引力场的概念提出著名的 Rubber-sheet Cartogram 算法。每一个多边形的图心对该多边形的顶点产生一个引力 F，F 的正负决定向外还是向内拉伸顶点。该引力 F 随着顶点与该多边形图心距离变远而减小，算法不断迭代得到最终结果。相比之前的橡胶地图算法，该算法大大提高了运算速度，但由于会产生叠置区域仍不能有效保证拓扑关系。Tobler(1986)在橡胶地图算法的基础上提出伪 Cartogram(pseudo Cartogram)的概念，该算法通过调整地图上经纬线的位置尽可能地减少面积误差。Cartogram 保持方向的相对正确，例如 A 在 B 的北面，则在 Cartogram 中 A 仍在 B 的北面。Tobler 在实际中发现面积误差均方根达到最小时，效果最好。Sun(2013a)在 Rubber-sheet Cartogram 算法的基础上提出 OPTI-DCN 优化算法，对原算法中拓扑完整性和计算效率两方面进行了改进。但是该算法仍会产生拓扑错误，且没有考虑数据的空间特征，计算速度也慢于扩散算法。为了提高 OPTI-DCN 的计算速度并更好地保

持拓扑关系,Sun(2013b)又提出了一种快速、形式自由的 Rubber-sheet 算法——Carto3F。与 OPTI-DCN 算法相比,该算法主要有两点改进:一是应用四叉树的空间结构和数学条件来保证拓扑关系,可以有效地防止拓扑错误,保证拓扑完整性;二是该算法优先考虑效率。

基于扩散模型的等密度 Cartogram 算法由 Gastner 和 Newman 在 2004 年提出。Dorling 给予该算法很高的评价,称这是“两个人的一小步,制图学的一个飞跃”。该算法非常有效而快速,保留了拓扑关系,在易读性和地理准确性方面非常好,同时在图形扭曲度上保持一定的灵活度,用户可以在密度均衡程度和图形扭曲程度之间进行调整,因此应用最广泛,也是本书的研究重点,在第 4 章中将会详细介绍该方法的原理以及对该方法的优化扩展与应用。

2)制图学和计算几何学方法相结合的 Cartogram 生成算法

Gusein-Zade 等(1993)在生成密度均衡的 Cartogram 过程中应用线积分方法推导出构建 Cartogram 的数学方程式。House 等(1998)提出基于约束条件的连续面 Cartogram 生成算法,将 Cartogram 的创建视为一个约束最优化问题。算法共包含五个约束条件,其中两个用于保持形状,三个用于保持拓扑关系。但这五个约束条件均较复杂且数学意义模糊。另外,该算法运算时间过长,处理数据能力有限。Keim 等(2004)提出了基于扫描线快速生成连续面 Cartogram 的算法——Carto-Draw,其基本思想是首先对多边形(整体和内部)进行简化,减少顶点个数,再基于扫描线(scan line)算法不断迭代改变多边形顶点的位置(顶点沿扫描线方向或垂直于扫描线方向移动),有效地对多边形进行缩放。该过程受形状误差函数和面积误差函数的约束和控制。在此基础上,Keim 等(2005)又提出基于中轴线(medial axes)Cartogram 算法,将中轴线作为扫描线进行 Cartogram 的创建。Keim 等提出的这两个算法难以处理局部面积剧烈变化的区域,其最大优点在于能够快速有效完成 Cartogram 的生成,但依然变形大,易读性差。Inoue 等(2006)提出一种基于三角剖分的面 Cartogram 生成算法,其基本思想是首先使用Delaunay 三角算法对已简化的多边形区域进行三角剖分,然后再根据属性值调整每个三角区域的大小。为了和原图保持视觉上的相近性,需要使用约束条件限制三角边界的变化。

3)结合人工智能的 Cartogram 生成算法

Henriques 等(2009)提出基于自组织映射(SOM)的 Cartogram 生成算法——Carto-SOM。该算法的基本目标是生成一个等密度地图,将 SOM 看作一个密度估计的工具,在训练过程中,单元向高密度地区移动。如果将移动过程记录下来,则逆过程可以将原图转换成一个等密度地图。但 SOM 的放大效应(magnification effect)会影响最终结果,需要对其进行修正。该算法能够高效完成 Cartogram 的创建,且面积误差较小。

2.5　Cartogram 的评价方法

相对于 Cartogram 生成算法研究,Cartogram 的评价研究整体上较少。究其原因,一是由于目前 Cartogram 研究的主要矛盾还是集中在算法本身,即能否快速准确地生成 Cartogram,因此评价研究会相对滞后。从已有的文献不难看出,面 Cartogram 算法评价的相关研究相对较多,这也是和面 Cartogram 算法研究相对活跃有紧密联系的。二是由于 Cartogram 类型不同,应用场景不同,因此难以提出统一的评价指标体系。例如复杂非连续面 Cartogram 转换精度高,且易于实现,但复杂连续面 Cartogram 难以保证准确的转换精度。又如将 Cartogram 应用在疾病制图中,其本身的空间变形能够较好地隐藏患者的地理位置从而起到保护患者隐私的目的,但放在其他应用中则认为空间变形直接导致读图困难。

本书基于现有的研究成果(Tobler,2004;Keim et al.,2005;Buchin et al.,2012,2014;Alam et al.,2015),认为 Cartogram 评价研究应该从两个方面展开:一是针对 Cartogram 生成算法的评价,包括适用范围、转换精度、拓扑错误、空间变形度和算法复杂度等;二是针对 Cartogram 表示方法的评价,包括可视化效果、信息传输有效性以及空间变形可视化等,如图 2.22 所示。具体到每一种算法的评价都可以从这两方面展开,但涉及的指标会因为算法特点和应用场景不同而有所不同。

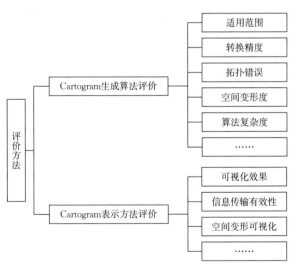

图 2.22　Cartogram 评价指标

2.5.1　Cartogram 生成算法评价

1. 适用范围

适用范围指该算法适合哪种应用场景,适合表现哪些类型和哪些空间尺度下的数据等。目前 Cartogram 生成算法存在的主要问题是算法的普适性不足，难以在不同区域、不同空间尺度等条件下适用。

2. 转换精度

转换精度指原地图转换生成 Cartogram 的面积或距离的正确性，一般用面积误差或距离误差表示（Keim et al.，2005）。单个区域（或曲线）的面积（或距离）误差指根据该区域（或曲线）对应的属性值转换的期望面积（或距离）与 Cartogram 中该区域的实际面积（或距离）之间的差值的绝对值。整体区域的面积（或距离）误差是将所有单个区域的面积（或距离）误差归一化后求和。以人口 Cartogram 为例，转换精度实质上代表区域中人口的均质化程度，理论上需追求绝对的均质化，但是若区域间人口密度变化较大，则难以保证绝对的均质化。另一方面，从可视化的角度来说，理论上绝对高的转换精度会使某些区域空间变形程度较大，产生较多的拓扑错误问题。因此，在实际应用中，Cartogram 的生成方法需要考虑具体的应用需求，在可读性与准确性之间寻找一个平衡。

3. 拓扑错误

一方面要保证一定的转换精度，保证属性数据的正确表达，另一方面仍需保持区域间相对正确的空间关系，因此在创建 Cartogram 过程中对原地图的"拉伸"或"压缩"不可避免会产生一些拓扑错误，例如连续面 Cartogram，边界越复杂，越容易产生拓扑错误。拓扑错误会严重影响 Cartogram 的可读性，因此在具体创建过程中，要尽量避免拓扑错误的产生。

4. 空间变形度

空间变形度指原地图经过转换后产生的几何形变，或原地图与转换后地图之间的相互关联程度。尤其是时间 Cartogram 与原地图的对比对于研究可达性变化等具有重要意义。在空间认知领域，空间变形度也会应用在认知地图和实际地图之间的变形测度研究中（申思 等，2008；薛露露 等，2008a，2008b）。该方法可用于基于控制点位置变化生成的距离 Cartogram 空间变形的定量测度。另一种是利用几何相似性来测度空间变形。一般来说，变形度与相似度是一对互补量，变形程度越大，相似程度就越小；反之亦然（沈陈华 等，2015；郝燕玲 等，2008）。相似性度量方法广泛应用于目标识别、制图综合、空间数据检索和相似性查询等领域。对 Cartogram 空间变形的度量可主要考虑以下几个方面：

（1）二维回归相关系数。为了对比变形后的地图与原地图之间的差异，引入 Tobler（1994）提出的二维回归方法（bidimensional regression，BR）来度量空间变形程度。二维回归是线性回归的扩展，其中每个变量是一对二维坐标值。通过二维相关系数（bidimensional correlation）来表示两个平面间的相似度。该方法是分析地图变形的重要计量方法，二维相关系数是综合测度变形的重要指标。该方法的核心在于根据两组对应的二维坐标数据，经过处理，求得变形系数（distortion index,DI),R^2 表示原地图和时间地图之间的一致性,即

$$DI = 1 - R^2 = \frac{\sum_{i=1}^{n} (x_i - \hat{x}_i)^2 + \sum_{i=1}^{n} (y_i - \hat{y}_i)^2}{\sum_{i=1}^{n} (x_i - \bar{x}_i)^2 + \sum_{i=1}^{n} (y_i - \bar{y}_i)^2} \tag{2.4}$$

式中,x_i 和 y_i 是原坐标,$\hat{x}_i$ 和 $\hat{y}_i$ 是变换后的坐标,$\bar{x}_i$ 和 $\bar{y}_i$ 是原坐标的平均值。

(2)形状变形度量。对于形状相似性度量,一般过程是,首先对几何形状进行有效的数学描述,通过某种方法生成一个数值化的描述子作为相似性度量指标,进而刻画形状特征,这是完成形状相似性度量的关键。该相似性度量需要满足平移、旋转和缩放不变性,唯一性,紧致性等要求。然后根据所提取形状的特征信息按一定方法进行相似度计算。Keim 等(2004)基于曲率函数的傅里叶变换对区域形状进行描述,再基于欧氏距离计算形状相似度。郝燕玲等(2008)提出以中心距离对弧长的函数来描述几何形状,采用向量间绝对距离指标来计算形状相似度。安晓亚(2011)利用多级弦长函数和中心距离函数从全局整体到局部细节逐级描述面目标几何形状,再基于距离计算的方法计算形状相似度。沈陈华等(2015)基于余弦相似度来度量时间地图与传统地图的相似性。Alam 等(2015)总结了三个形状变形度量指标,并通过试验数据结果指出汉明(Hamming)距离度量形状变形更有效。

(3)拓扑关系变形度量。虽然在其他领域中关于拓扑关系变形度量的研究已经相当广泛和深入,但在 Cartogram 的研究中却少有关于拓扑关系变形度量的内容,很多时候只是简单提及"是否"保持拓扑关系。在 Cartogram 生成算法中,保持拓扑关系通常指保持区域间正确的邻接关系。但对于复杂连续面 Cartogram,虽然变形后保持了正确的邻接关系,拓扑关系相似度却发生了变化。拓扑关系相似度的度量一般都是基于 Egenhofer 提出的 9-交集模型(9-intersection model)建立拓扑关系概念领域图,然后进行拓扑关系相似度的计算。安晓亚(2011)和刘涛等(2013)对拓扑关系相似度的计算过程进行了详细的阐述,但现在还缺乏关于 Cartogram 拓扑关系相似性度量的研究。

5. 算法复杂度

算法运行时间是评价 Cartogram 算法效率和算法复杂度的一个重要指标。Cartogram 的创建程序多是一个迭代过程,计算量大,早期的 Cartogram 算法运算效率低下是通病。但随着新方法和技术的应用,研究者通过简化边界形状,利用并行计算、多线程处理等手段提高运算效率。但事实上,很多文献并没有具体给出算法复杂度和运行时间。

2.5.2　Cartogram 表示方法评价

1. 可视化效果

Cartogram 是一种可视化方法,对于其可视化效果的评价是一项重要内容,一般可以从整体效果、颜色、注记和易读性等方面对 Cartogram 的可视化效果进行评价。

(1)整体效果。整体效果对吸引读图者的注意力是很重要的,这是因为读图者的注意力是否集中在图上,对读图的效果影响极大。再出色的产品,如果人们不注意它就不会购买它。Cartogram 这种扭曲变形的新奇外观通常能够吸引读图者的注意,可使用如美观的、有用的、有趣的、有价值的等词汇对整体效果进行评价。

(2)颜色。传统专题地图中常用颜色表达定量信息。在 Cartogram 中,除了面积本身表示绝对数量外,有时还会使用颜色表达相对数量概念。颜色的正确使用能够增强可视化图形的吸引力,加强可视化效果。

(3)注记。在 Cartogram 的制作中,有时会为了整体图面效果的简洁性而省略注记。但是读图者若有识别区域的需求,仅靠形状识别区域是不可行的,此时注记是很有必要的。

(4)易读性。地图易读性指地图通过自己的语言表达的信息被读图者所接受的程度,是地图质量的重要标志之一。现有 Cartogram 的共同缺点就是易读性较差,因此对 Cartogram 的易读性进行评价是很有必要的。Dent(1975)通过问卷调查的形式对 Cartogram 的易读性进行了定性评价,但是地图易读性的定量度量是一个相对复杂的过程。一些学者对影响地图易读性的因素进行阐述并给出具体的度量计算公式(钟业勋,1994;郑红波 等,2010;Harrie et al.,2015)。

2. 信息传输有效性

Griffin(1983)指出"设计者可能会为这种新奇的制图表示方法而激动万分,但读图者能应付这种产品吗?",所以对于 Cartogram 信息传输有效性评价的研究是很有必要的。Cartogram 信息传输有效性评价主要包括将 Cartogram 和与其表达等价信息的传统地图表示方法进行比较和分析(包括数量信息表达的准确性、区域识别的问题、适合表达的数据类型以及读图者对 Cartogram 的空间推理能力)和比较不同类型 Cartogram 完成不同地理任务的表现等。

(1)将 Cartogram 和与其表达等价信息的传统地图表示方法进行比较和分析。

——Cartogram 数量信息表达的准确性。Dent(1975)以问卷调查的方式比较了读图者对分级圆地图和 Cartogram 数量信息的预估。结果显示,在分级圆地图中,实际数量倾向于高估,而在 Cartogram 中则倾向于低估。

——Cartogram 区域识别的问题。Griffin(1983)以试验的方式研究了普通地图和无注记 Cartogram 区域单元的位置识别问题。

——Cartogram 适合表达的数据类型。Sun 等(2010)以问卷调查的方式,使用人口数据和大选数据对比了专题地图和 Cartogram 数据表达的有效性。结果显示，Cartogram 表达大选数据更有效，而专题地图表达人口数据更有效。周建平等(2010)通过调查对比分析了专题地图和四种不同类型 Cartogram 在表达 GIS 属性信息方面的有效性，结果表明，伪 Cartogram 表达效果最好，其次是专题地图，然后是连续面 Cartogram、离散 Cartogram，多林 Cartogram 在表达属性信息时有效性最差。

——读图者对 Cartogram 的空间推理能力。Kaspar 等(2011)通过可用性测试，分别对连续面 Cartogram 和与其信息等价的等值区域图加分级圆表示方法对于空间推理表达的有效性进行比较和分析，结果显示，读图者对于不同类型地图的推理能力存在显著差异。整体上来说，对于人口估计数据的表达，无论是有效性还是效率，等值区域图加分级圆的表达方式都优于 Cartogram。当然，信息表达有效性和效率也与推理任务的复杂度(简单和复杂)和统计单元的形状特征(规则与不规则)有关。

(2)比较不同类型 Cartogram 完成不同地理任务的表现。

Krauss(1989)选择三种不同的评估任务(从整体到具体)探究非连续面 Cartogram 信息传输的有效性，发现非连续面 Cartogram 在表达整体分布信息时效果更好，但不擅长表达具体信息(如不同区域之间的数值比率)。Nusrat 等(2016)根据 Cartogram 的七个可视化任务——对比、发现变化、定位、识别、发现极值、发现邻接关系和综合(分析、对比分布模式)，通过可用性测试对四种不同类型面 Cartogram 的有效性进行定量分析，并且通过问卷调查的形式了解读图者对不同类型 Cartogram 的主观偏好。结果表明：整体上来说，多林 Cartogram 和连续面 Cartogram 表现较好，明显优于其他两种类型，矩形 Cartogram 表现较差。多林 Cartogram 更适合分析和对比趋势，这可能是由于圆形简单，便于数据模式的传递。但是在表现邻接关系方面，连续面 Cartogram 明显更好，非连续面 Cartogram 不适合表现细节变化和邻接关系。

3. 空间变形可视化

如果仅用一个简单数值来表示复杂的空间变形信息，则难以进一步分析内部变形的规律和趋势。申思等(2008)在对北京居民认知地图变形进行研究时采用橡皮网格方式表现变形。Spiekermann 等(1994)和 Axhausen 等(2006)在构建时空地图时应用格网的变形来展现空间变形。边界的变形可以表达出整体变形的趋势，而内部的变形情况则可以通过格网来展示。正方形格子的拉伸或收缩方向和程度大小能够显示出空间变形的规律和模式。这为进一步对空间变形背后的成因和形成机制进行分析研究提供可视化依据。格网的疏密程度与空间变形可视化效果紧密相关，越密越能够展现出局部区域的拉伸或收缩情况，与此同时也需要付出更多的工作以应对所产生的拓扑错误。

第3章 时间 Cartogram 的构建方法与实现

时间 Cartogram 是时间距离可视化的一种有效方法。针对目前已有算法存在的普适性差、拓扑错误、与应用结合不够深等问题,本章提出一种带有约束条件的移动最小二乘法的中心型时间 Cartogram 的构建方法。与以往的研究方法相比,该方法解决了时间 Cartogram 构建中出现的三个问题:①通过距离恒定性等原则解决了时间 Cartogram 与原地图的尺度一致性问题;②通过约束条件的控制解决了时间 Cartogram 中出现的拓扑错误问题;③通过多种可视化方法解决了时间 Cartogram 变形的可视化表达问题。章末以 2016 年度北京到全国 307 个市县的真实铁路时间数据为例,构建了以北京为中心的时间 Cartogram,该时间 Cartogram 以全新的视角展示了北京与全国各城市间的时间距离关系,并为进一步开展时空变化规律的研究提供了基础。另外,为验证算法在不同区域和空间尺度下的适用性,构建以慕尼黑为中心的时间 Cartogram,并对算法进行评价和分析。

3.1 时间 Cartogram 概述

3.1.1 时间 Cartogram 的地理学内涵

传统空间视角下,地理位置是理解一个物体与其他物体发生空间联系的关键。这是因为地球表面上任意两个物体间的距离是由它们的地理位置决定的。通常我们会假设物理距离(空间距离)是描述和解释城市空间现象最重要的变量。但是,随着现代交通方式和通信方式的不断变革和飞速发展,空间和距离这些基本概念正在被重新理解和表达。不同于科学主义认为空间和距离是刚性的,且唯一不变的,人本主义地理学认为人类凭借其发明创造和制造的工具来感知这个世界(刘贤腾 等,2014)。时间距离逐渐成为人们感知世界距离远近的一个重要度量。人们关心的重点从"北京距郑州多少千米?"转变到"北京到郑州多长时间?"。因此,从时间距离的角度来审视这个世界更符合当前人们的认知需求。

在地理学领域,时间距离常作为衡量可达性或经济联系强度的一个重要指标,用于区域的交通可达性、城市空间分布格局、社会经济过程等的分析研究中(蒋海兵 等,2010;靳海攀 等,2013)。从时间距离的视角来研究空间结构和变迁能够更深刻地认识技术条件发展对城市与区域空间的作用机理。因此时间距离的有效可视化表达对于地理空间的数据分析和规律探索具有重要意义。

　　目前对于中心点与周围点之间的时间距离的可视化表达主要有两类方法——等时线图[图 3.1(a)]和时间 Cartogram[图 3.1(b)]，后者的具体表现形式为同心圆等时线。同心圆等时线是将地理空间在二维地图上进行变形处理，使中心点与周围点之间的距离表示时间距离，这样一个给定起点的等时线是同心圆式的。

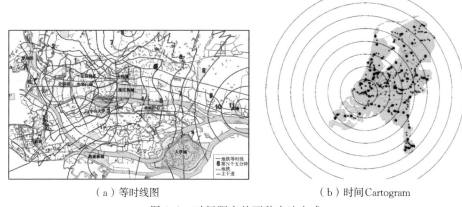

（a）等时线图　　　　　　　　　　　　（b）时间Cartogram

图 3.1　时间距离的两种表达方式

　　从表达角度来说，同心圆等时线这类时间 Cartogram 与人们对于时空交通圈的心象认知一致，能够很好地表达出以某点为中心的等时圈范围。等时圈反映的是区域中心与邻近区域空间关系的紧密程度，具有中心向外辐射、时空收缩、非连续性和非对称性四个基本特征。传统的表达时间距离的等值线方法难以同时表达出这四个特征，而时间 Cartogram 则能够有效地从图中反映出等时圈的特征。

　　除此以外，还可以利用时间 Cartogram 与其他可视化图形进行对比分析以获得数据分布模式的差异和规律变化。对比同一区域的时间 Cartogram 和地理图，能够显示出时间距离与空间距离分布的相似性。

3.1.2　时间 Cartogram 的构建方法及问题分析

　　2.4.2 小节论述了近些年学者开始重新关注同心圆等时线的自动实现。Bies 等（2012）利用三角剖分技术来构建中心型时间 Cartogram，其基本思想是以已知控制点集为顶点对原地图进行三角剖分，通过控制点集位置的变换，获得每个三角形的仿射变换函数，这样就可以对三角形内的所有点进行插值变换，获得最终的中心型时间 Cartogram，并在具体的实现过程中指出利用动态 Delaunay 三角剖分技术获得的结果可视化效果最好。Hong 等（2014）在生成不规则等时线（地理空间不变形）的基础上，再利用非刚性变换模型——薄板样条函数变形（thin-plate spline warping，TPS)技术将不规则等时线变形为同心圆等时线。Ullah 等(2015)基于移动最小二乘法对地图进行仿射变换,根据荷兰的铁路时刻表绘制出基于时间距离的中心型时间 Cartogram;其核心思想是基于控制点位置的变化,利用移动最小二乘法获得描述整幅图像的变形函数,该变形函数能够将原地图上的任一点一一映射到时间地图中。沈陈华等(2015)基于旅行者运动轨迹数据变换得到时间地图,但该方法只能针对道路(旅行者轨迹)转换,不能对地理要素转换。

虽然上述研究对中心型时间 Cartogram 的构建进行了探索,但在具体构建过程中还存在以下三个问题:

(1)以往研究更多地关注时间 Cartogram 的变形转换过程,忽略了时间 Cartogram 与原地图的尺度一致性问题,因此难以直接对时间地图和原地图进行对比分析。

(2)以往研究都较好地完成原地图(以边界为例)整体变形转换,但在局部区域会出现"线交叉"这样错误的拓扑关系表达,影响整体可视化效果和易读性,会给读图者带来读图认知上的困惑。

(3)以往研究较少顾及对时间 Cartogram 空间变形的可视化表达。空间变形的表达能够揭示地理空间和时间空间两个空间模型分布特征的相似性,以及探索时间 Cartogram 的空间变形规律和趋势。

因此,接下来将针对上述问题提出带有约束条件的移动最小二乘法的时间 Cartogram 的构建方法整体思路,并将该方法应用于真实的时间数据表达,以验证该方法的有效性和普适性。

3.2　时间 Cartogram 研究思路

首先在时间距离的空间转换中,设定距离恒定性等原则,保证时间地图与原地图的尺度一致性,便于两者进行比较分析;然后使用一种带有约束条件的移动最小二乘法对原地图进行变形转换,以保证拓扑关系的正确性;最后对时间地图所产生的空间变形进行可视化(王丽娜,2018)。构建思路如图 3.2 所示。

本方法需要两种不同类型的数据。第一类数据是控制点数据,该数据包含控制点集的空间坐标和该点到中心点的时间,然后通过时间距离的空间转换,获得所有控制点转换后的空间坐标,在这个过程中通过设定距离恒定性等原则来解决尺度一致性问题。第二类数据是需要转换的地形图数据(以政区边界为例),由于国家或者地区的边界通常非常复杂,一方面为了降低地形图数据的转换难度,另一方面由于本研究空间尺度为国家尺度,对精度的要求并不高,因此可以对政区边界进行简化处理。另外通过该地形图的空间范围可以生成相应的正方形格网数据,格网数据的转换变形可作为对时间地图空间变形的可视化表达。

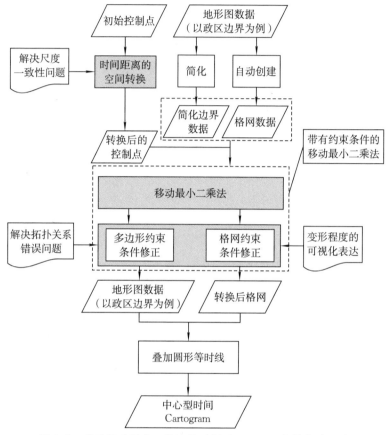

图 3.2　基于移动最小二乘法的时间 Cartogram 整体构建思路

　　根据控制点集的空间位置变化,利用移动最小二乘法获得描述整幅地图的变形函数,对地形图数据进行空间转换。在这个过程中会产生一定的拓扑错误。一般来说,有两方面原因:一是在地理空间向时间空间的转换中,任何一种空间转换方法都不可避免地会使原地理空间产生一定程度的扭曲和变形;二是由于空间距离和时间距离难以保持正相关性(即 A、B 两点与中心点 O 的空间距离 $S_{OA} > S_{OB}$,时间距离也保持同样的关系 $T_{OA} > T_{OB}$),因此转换后会出现线交叉的错误表达。从空间认知的角度出发,空间拓扑关系是人们最易认知的空间关系,如若出现错误,会让人产生困惑。因此需要尽可能地保留正确的空间拓扑关系,即不产生明显的拓扑错误。如图 3.3 所示,图 3.3(a)中原多边形经过变换后,产生了图 3.3(b)的拓扑错误,因此还需要增加约束条件对错误的拓扑关系进行修正,如图 3.3(c)所示。

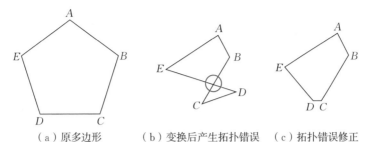

（a）原多边形　　（b）变换后产生拓扑错误　　（c）拓扑错误修正

图 3.3　基于约束条件的多边形拓扑错误修正

正方形格网的变形可以度量时间地图的空间变形，但在转换中同样会出现拓扑错误，如图 3.4 所示。与多边形相比，虽然格网有更明确的方位关系，但是格网间仍需保证正确的邻接关系，因此两者的约束条件也不同。另外，转换后格网拓扑错误的出现与其疏密程度也有很大关系。

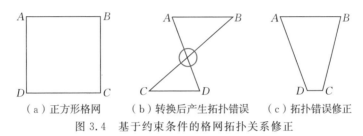

（a）正方形格网　　（b）转换后产生拓扑错误　　（c）拓扑错误修正

图 3.4　基于约束条件的格网拓扑关系修正

最后，为加强可视化效果，在转换后的地图上叠加同心圆等时线，完成中心型时间 Cartogram 的构建。

3.3　时间距离的空间转换

3.3.1　计算控制点新坐标

时间距离的空间转换是将时间距离数据转换成可以在地图上表达的空间距离数据，并求得转换后各控制点的新坐标。按照一般规律，经过时间距离的空间转换，部分控制点向中心点收缩，另一部分则向外扩张。余金艳等（2013）基于超制图学思想将时间距离转换成空间距离时，由于选择的标准化参数不合适，最后转换得到的距离数据整体偏小，地图上呈现出所有点向中心点收缩的趋势。这显然不符合一般规律，容易让人产生错误的认知。结合已有研究，本书在时间距离向空间距离转换的过程中主要基于以下三个原则：

（1）为了保证转换后的时间 Cartogram 仍保持相对正确的方位关系，每一个控制点在转换前后与中心点的方向保持不变。

（2）为了方便计算，使用欧氏距离计算两点间的空间距离。

（3）总空间距离恒定性，即中心点到各个点的空间距离总和在转换前后始终保持恒定。这样，原地图与转换后的时间地图保持尺度一致性，便于比较和分析。当然，虽然在从以空间距离为单位的地理图到以时间为单位的时间 Cartogram 的变换中，尺度单位发生了变化，但通过时间距离所对应的转换后的空间距离，时间 Cartogram 和原地图仍具有可对比性。

定义：设二维平面上控制点集 $P = \{p_1, p_2, \cdots, p_n\}$，$p_i(x_i, y_i) \in P$，中心点 O 的空间坐标为 (x_o, y_o)，中心点 O 到点 p_i 的空间距离为 s_i，时间为 t_i，中心点 O 到控制点集 P 中所有点的空间距离总和为 S，时间总和为 T，则

$$\left. \begin{array}{l} S = \sum_i s_i \\ T = \sum_i t_i \end{array} \right\} \tag{3.1}$$

设中心点 O 到点 p_i 的时间距离转换后的空间距离为 d_i，$D = \sum_i d_i$，由于总空间距离恒定性，$D = S$。根据点 p_i 所对应的 t_i 按比例计算转换后的空间距离 d_i，即

$$\frac{t_i}{T} = \frac{d_i}{D} \tag{3.2}$$

可得

$$d_i = t_i \frac{S}{T} \tag{3.3}$$

接下来，根据方向不变性求出点 p_i 在时空转换后的新空间坐标 (x_i', y_i')，即

$$\left. \begin{array}{l} x_i' = x_o + (x_i - x_o) \dfrac{d_i}{s_i} \\ y_i' = y_o + (y_i - y_o) \dfrac{d_i}{s_i} \end{array} \right\} \tag{3.4}$$

这样，利用上述公式便可获得控制点集 P 中所有控制点时空转换后的新空间坐标，同时也就获得了地图上所有点的空间位置变化。

3.3.2　时空变化参数

这里引入一个时空变化参数 r_i，为某控制点 p_i 转换后的空间距离与原空间距离之间的比值，表示该点在转换后沿中心点方向向内收缩或向外扩张的程度，即

$$r_i = \frac{d_i}{s_i} \tag{3.5}$$

（1）$0 < r_i < 1$，即 $d_i < s_i$，则转换后该点向中心点方向收缩，值越小，表示收缩程度越大。

（2）$r_i = 1$，即 $d_i = s_i$，则转换后该点保持原有坐标不变。

（3）$r_i > 1$，即 $d_i > s_i$，则转换后该点沿中心点方向向外扩张，值越大，表示扩张程度越大。

3.4　基于移动最小二乘法的时间 Cartogram 转换方法

移动最小二乘法是基于控制点的图像变形方法最常用的方法之一，最早由 Schaefer 等（2006）引入到图像变形方法中，此后诸多学者也都对该方法进行了改进和持续研究（Schaefer et al.，2006；刘婷，2008；杜晓荣 等，2015）。其基本思想是：根据控制点集位置前后的变化，利用移动最小二乘法原理求得一个变形函数 f，对于原地图上任一点 v，$f(v)$ 是点 v 变形后在图像上的位置，f 一般需要具备平滑性、插值性和确定性三个性质。

定义：设二维地图上控制点集为 $P = \{p_1, p_2, \cdots, p_n\}$，$p_i \in P$，变换后的控制点集为 $Q = \{q_1, q_2, \cdots, q_n\}$，$q_i \in Q$。对于地图上任一点 v，根据移动最小二乘法的理论模型，存在变形函数 f 使下式取得最小值

$$\left.\begin{aligned} E &= \sum_i w_i \left| f(p_i) - q_i \right|^2 \\ w_i &= \frac{1}{\left| p_i - v \right|^{2\alpha}} \end{aligned}\right\} \tag{3.6}$$

式中，p_i 和 q_i 为控制点集 P 和 Q 中点的坐标，用行向量表示；w_i 是权值函数；α 为调节变形效果的参数，一般取 1 或 2，α 越大意味着权重值与距离的关系越密切。由于 w_i 的取值随着 v 的位置不同而变化，每个点都有与其他点不一样的权值函数，随之也有与其他点不同的变形函数，所以称为移动最小二乘法。

在实际的应用中，权重函数的确定是关键的一步，影响最终的变形结果。点 v 是有影响范围的，即并非点集 P 中的所有点都对 v 有影响，尤其当距离较远时，计算得到的 w_i 趋近于零。为了加快计算速度，在具体的算法应用中引入两个参数：影响半径 R 和影响点数 N。

（1）影响半径 R。将影响半径 R 之外的控制点对点 v 的权重视为零。影响半径 R 越小，变形的局部性越好，结果越不精确，但是计算量越小；影响半径越大，变形的局部性就会越弱，结果越精确，但是计算量会越大。

（2）影响点数 N。只考虑距离点 v 最近的 N 个点，其他点的权重都视为零，表示其他点对 v 无影响。

具体应用中，两个参数选用其一即可。影响半径 R 或影响点数 N 需要根据变形要求的精确程度及点与周围之间关系的紧密程度等因素确定，只有选择合适的影响半径 R 和影响点数 N，才能得到较好的可视化变形效果。由于本书中的控制点数据空间分布不均，因此选用影响点数 N，并设置 N 的值为 100（N 值的确定通

过试验比较获得,分别设置了 $N=50,100,150$,发现 $N=50$ 时,转换后边界出现不连续情况,$N=100$ 和 $N=150$ 时基本无变化,都较好地完成了转换,因此最终选择 $N=100$)。

一般地,变形函数 f 分解为线性变换矩阵 $\boldsymbol{M}$ 和平移变换项 $\boldsymbol{Y}$,对于二维图形,可以用 2×2 的矩阵和 1×2 的行向量来表示 $\boldsymbol{M}$ 和 $\boldsymbol{Y}$。变形函数 f 可以表示为

$$f(v)=v\boldsymbol{M}+\boldsymbol{Y} \tag{3.7}$$

将式(3.7)代入式(3.6),求最小值,即对 f 的变量求导且导数等于 0,有

$$\boldsymbol{Y}=\frac{\sum_i w_i q_i}{\sum_i w_i}-\left(\frac{\sum_i w_i p_i}{\sum_i w_i}\right)\boldsymbol{M} \tag{3.8}$$

可得变形函数的一般形式

$$f(v)=(v-p_*)\boldsymbol{M}+q_* \tag{3.9}$$

式中,p_* 和 q_* 为加权质心

$$\left.\begin{aligned} p_*&=\frac{\sum_i w_i p_i}{\sum_i w_i}\\ q_*&=\frac{\sum_i w_i q_i}{\sum_i w_i} \end{aligned}\right\} \tag{3.10}$$

在此基础上,式(3.6)可以改写为

$$E=\sum_i w_i\,|\,\hat{p}_i\boldsymbol{M}-\hat{q}_i\,|^2 \tag{3.11}$$

式中,$\hat{p}_i=p_i-p_*$,$\hat{q}_i=q_i-q_*$。

移动最小二乘法对线性变换矩阵 $\boldsymbol{M}$ 并没有作限制。实际应用中,对于不同的变形要求,可以对 $\boldsymbol{M}$ 作不同的限制,从而形成不同的变形效果。常见的变换形式有仿射变换、相似变换及刚性变换,本书将 $\boldsymbol{M}$ 设置为一般的仿射变换,包含缩放、错切、旋转等变换成分。

对式(3.11)求导使其等于零,可得

$$\boldsymbol{M}=\left(\sum_i \hat{p}_i^{\mathrm{T}} w_i \hat{p}_i\right)^{-1}\sum_j w_j \hat{p}_j^{\mathrm{T}} \hat{q}_j \tag{3.12}$$

则可得出仿射变换变形函数 f 为

$$f(v)=(v-p_*)\left(\sum_i \hat{p}_i^{\mathrm{T}} w_i \hat{p}_i\right)^{-1}\sum_j w_j \hat{p}_j^{\mathrm{T}} \hat{q}_j+q_* \tag{3.13}$$

$f(v)$ 的结果是一个 1×2 的矩阵,即地图中任一点 v 所对应的转换后的新坐标,这样就完成了原地图向时间 Cartogram 的转换。但是此时的时间 Cartogram 会出现一些拓扑错误,这就需要通过约束条件来规避拓扑错误。

3.5 拓扑错误约束条件

3.5.1 多边形约束条件

多边形在转换时出现的拓扑错误主要是多边形的边界产生了自相交。关于多条线段相交检测最常用的算法是基于扫描线的 Bentley-Ottmann 算法（Bentley et al.，1979）。如果将该算法应用在多边形自相交检测时，Bentley-Ottmann 算法会认为多边形顶点也是自相交点，因此在应用该算法时，需要排除多边形顶点。

假定一个多边形由 n 个线段 L 组成，经过移动最小二乘法处理后为 Ω，即 $\Omega = \{L_i\}$，$i = 1,2,\cdots,n$。

具体算法步骤如下：

（1）通过 Bentley-Ottmann 算法检测自相交点（不考虑多边形顶点）。

（2）如果没有自相交点，则算法结束。

（3）检测出 k 个自相交点集合 Λ，$\Lambda = \{I_j\}$，$j = 1,2,\cdots,k$，其中第 a 个交点为 I_a，$a \in \{1,2,\cdots,k\}$。交点由线段 L_e 和 L_f（$e,f \in \{1,2,\cdots,n\}$）相交而成，那么交点 I_a 对应的邻近线段集合为 Δ_a，$\Delta_a = \{L_i\}$，$i = e-\theta,e-\theta+1,\cdots,f+\theta-1$，$f+\theta$，其中 θ 为一个固定阈值。

（4）依次对 k 个交点所对应的邻近线段集合 Δ 的顶点夹角进行检查，如果夹角小于一个给定阈值 σ，则去除该顶点，返回第（1）步。

阈值 θ 和 σ 要根据实际情况反复试验多次才能确定。整个算法流程如图 3.5 所示。

图 3.6 描述了如何利用该算法检测和修改多边形边界拓扑错误。图 3.6（a）是多边形边界的一部分，白色点表示多边形顶点，黑色点表示检测出来的自相交点。其中一个自相交点由线段 78 和线段

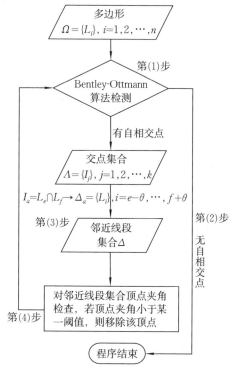

图 3.5 多边形约束条件算法流程

23 相交而成，另一个黑色点由线段 56 和线段 78 相交而成。假定 θ 为 1，则邻近线段集合为从线段 12 到线段 89 的所有线段，如图 3.6（b）所示。该邻近线段集合的

所有顶点夹角都被检测,顶点 4 和顶点 6 的夹角因为小于阈值 σ(假定 σ 为 80°)而被移除,结果如图 3.6(c)所示。然后利用该算法重新进行检测,得到第二次自相交点检测结果,如图 3.6(d)所示,并得到邻近线段集合,如图 3.6(e)所示。检测所有顶点夹角,其中顶点 3 和顶点 7 的夹角因为小于阈值 σ 而被移除,结果如图 3.6(f)所示。最后不再检测出自相交点,程序运行结束。

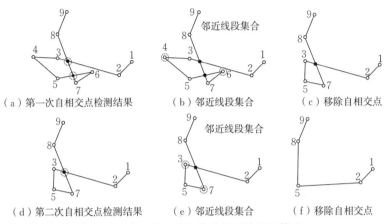

（a）第一次自相交点检测结果　　　　（b）邻近线段集合　　　　　　（c）移除自相交点

（d）第二次自相交点检测结果　　　　（e）邻近线段集合　　　　　　（f）移除自相交点

图 3.6　多边形边界拓扑错误的检测和修改

3.5.2　格网约束条件

格网的方位关系明确,因此最简单的约束方法是四方向(东、西、南、北)约束,即某一格网点变换后的位置,无论在 X 和 Y 方向上,都必须介于它在原始格网的相邻两点转换后的位置之间。如果违背了该约束条件,则要调整该点坐标直至符合四方向约束原则。但是四方向约束并不能完全保证格网的相对位置关系正确,如图 3.7 所示,图 3.7(a)是原始的 3×3 格网,共 9 个点,图上标示出每个点的行号和列号。图 3.7(b)、图 3.7(c)均是变换后的 9 个点,红色虚线圆圈表示的点都符合四方向约束原则,但格网线出现了线交叉。因此有必要将四方向约束原则扩展至八方向约束(东、西、南、北、东南、东北、西南、西北),从而避免线交叉。

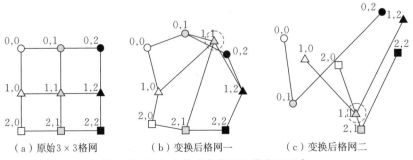

（a）原始 3×3 格网　　　　　　（b）变换后格网一　　　　　　（c）变换后格网二

图 3.7　四方向约束条件下的线交叉现象

当检测出格网点拓扑冲突时,紧接着需要解决的问题是如何进行有效的调整。如图 3.8(a)所示,出现拓扑错误的原因是点(1,1)应该在点(1,2)的左边。有两种调整方案,一种如图 3.8(b)所示,保持点(1,2)位置不变,将点(1,1)强行移动到点(1,2)的左边;另一种如图 3.8(c)所示,保持点(1,1)位置不变,将点(1,2)强行移动到点(1,1)的右边。

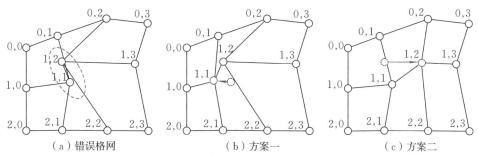

（a）错误格网　　　　　（b）方案一　　　　　　（c）方案二

图 3.8　两种不同移动冲突点的方案

如何对两种方案进行取舍呢?本书取舍的基本依据是在保持拓扑关系相对正确的前提下,能够使调整后的格网保持原来格网的整体变形趋势的方案最优。本书将格网按照稀疏程度分成若干级别,如 2×2 格网为第 1 级别,4×4 格网为第 2 级别,依次类推下去。假定当第 k 级格网产生错误的拓扑关系时,将按照不同方案调整后的格网和第 $k-1$ 级格网插值所产生的第 k 级格网进行比较,从而确定何种方案最优。如图 3.9 所示,图 3.9(b)是第 $k-1$ 级格网,其中红色虚框是第 k 级格网产生错误拓扑关系的区域,图 3.9(c)是由第 $k-1$ 级格网根据插值预估出来的第 k 级格网,而图 3.9(d)和图 3.9(e)则是根据不同方案调整后的简化图,不难发现图 3.9(c)和图 3.9(e)在整体形态上更为接近,因此本书认为图 3.9(e)调整方案更优。

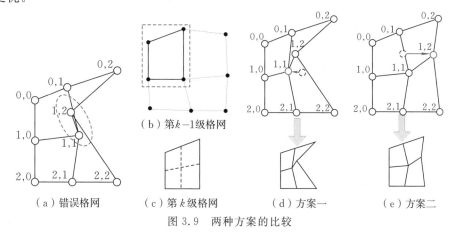

（a）错误格网　　　（b）第 $k-1$ 级格网　　　（c）第 k 级格网　　　（d）方案一　　　　（e）方案二

图 3.9　两种方案的比较

从计算机自动实现的角度而言,本书比较两个冲突点与上一级格网参考点(该点可能是上一级格网点,也可能是插值点)之间的距离,距离越近,表示该冲突点能越好地保持原格网的整体形态,因此保留距离近的点,移动距离远的点。如图 3.10 所示,黑色格网点表示上一级格网点,蓝色点是插值点。图中点(1,2)和点(1,1)为冲突点,显然 $d_{1,2} > d_{1,1}$,因此移动点(1,2)。

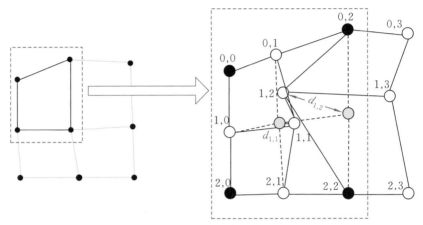

图 3.10　最优方案的计算机自动实现

3.6　以北京为中心的时间 Cartogram 构建

3.6.1　时间数据来源和时间距离的空间转换

近年来中国铁路的快速发展大大加强了区域间的联系,缩短了中心城市与其他城市间的时空距离(王士军 等,2012)。为了探索北京与全国城市间的时间距离关系,根据中国铁路 12306 网站提供的铁路时刻表,统计了 2016 年北京到全国 307 个市县的最短铁路旅行时间。这里有三点说明:

(1)所统计最短时间指理论最短时间,即不考虑城市站点间的中转次数。之所以这样统计,是考虑到不同铁路区段间速度不同,比如北京—A 市的高铁直达时间为 100 分钟,北京—B 市的非高铁直达时间为 230 分钟,但北京—A 市—B 市为 200 分钟,则使用 200 分钟作为北京—B 市的最短铁路旅行时间。

(2)307 个市县中包含具有铁路信息的地级市,并对如新疆等稀疏区域增加了部分县作为控制点。另外,香港、澳门和台北的时间数据分别以广州、珠海和福州的时间数据为基础,并考虑两者间的空间距离。

(3)考虑到本书涉及的空间尺度为国家尺度,对所有市县统一以点代面,时间统计不考虑换乘时间,也不考虑同一城市不同车站间的距离(如郑州东站和郑州站均视为郑州)。

在获得北京到 307 个市县的最短铁路旅行时间后,根据式(3.3)、式(3.4)和式(3.5),计算获得所有市县变换后的空间坐标和时空变化参数。由于篇幅所限,表 3.1 仅列出部分城市的数据。图 3.11 是根据最短铁路旅行时间获得的 307 个市县点的位置变化,红色箭头表示向外扩张,蓝色箭头表示向内收缩。

表 3.1 部分城市转换前后的空间坐标和时空变化参数

| 城市 | 原始坐标 | | 变换后坐标 | | 时空变化 |
	经度/(°)	纬度/(°)	经度/(°)	纬度/(°)	参数 r_i
北京	116.381	39.924	116.381	39.924	—
郑州	113.650	34.757	115.031	37.369	0.494
石家庄	114.490	38.045	115.427	38.976	0.504
南京	118.773	32.048	117.658	35.719	0.534
武汉	114.292	30.568	115.257	34.891	0.538
长沙	112.981	28.201	114.492	33.410	0.556
济南	117.006	36.667	116.729	38.111	0.557
广州	113.261	23.119	114.612	30.395	0.567
西安	108.949	34.262	112.151	36.701	0.569
上海	121.469	31.238	119.302	34.937	0.574
天津	117.203	39.131	116.858	39.464	0.580
杭州	120.159	30.266	118.581	34.299	0.582
合肥	117.276	31.863	116.910	35.157	0.591
香港	114.154	22.281	114.987	28.875	0.626
贵阳	106.711	26.577	110.212	31.409	0.638

根据时空变化参数 r_i 对 307 个市县点的收缩或扩张程度进行可视化。如图 3.12 所示,红色表示该点向外扩张,蓝色表示向内收缩,颜色的深浅表示收缩或扩张程度,颜色越深,程度越大。从图上可以看到,向内收缩的城市主要分布在中国的中部、东南部及东北部分地区,向外扩张的城市主要分布于中国的北部和西部;并且,北京—上海方向和北京—广州方向沿线城市的收缩程度较大,明显是因为高铁沿线城市通行时间短,时间距离收缩程度较大。

3.6.2 全国边界数据和格网数据的变形转换

全国不同区域的铁路交通发展状况很不均衡,空间距离和时间距离难以完全保持正相关性,例如,从北京到广州的空间距离大于从北京到厦门的,但是时间距离上却是相反的关系。因此,需要使用约束条件修正边界和格网转换时出现的拓扑错误。

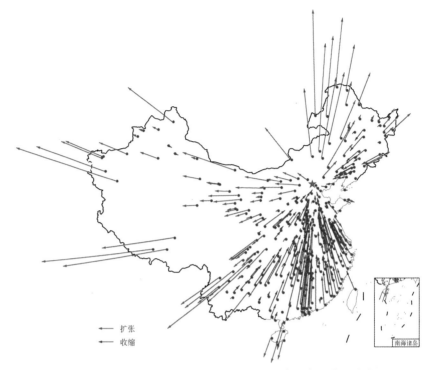

图 3.11　根据最短铁路旅行时间获得 307 个市县点的位置变化

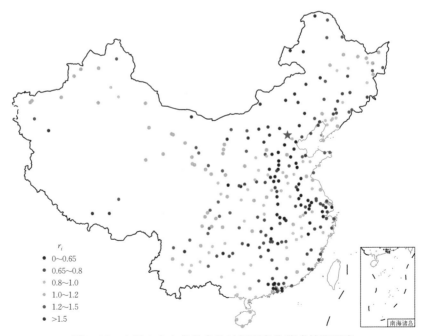

图 3.12　全国 307 个市县点的时间距离收缩或扩张程度

1. 全国边界数据的变形转换

首先需要对 1∶400 万的全国边界数据进行综合和简化。根据 3.5.1 小节中获得的 307 个市县点位置的变化对边界进行移动最小二乘法变形转换,结果如图 3.13 所示,台湾岛和海南岛没有产生拓扑错误,但是大陆边界上有 5 处拓扑错误。

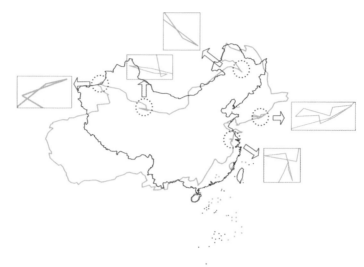

图 3.13　转换后边界出现的拓扑错误

(本图仅为试验数据,不作为版图展示)

根据多边形约束条件,对大陆边界数据进行处理,图 3.14(a)到(c)依次是三次迭代的结果,修正了出现的拓扑错误,并对大陆的边界进行了光滑处理。

（a）第一次迭代结果　　　　（b）第二次迭代结果　　　　（c）第三次迭代结果

图 3.14　依据约束条件修正边界拓扑错误

(本图仅为试验数据,不作为版图展示)

2. 格网数据的变形转换

格网数据的变形能够有效地表示时间地图相较于原地图产生的空间变形,这与格网的疏密程度有关。显然,格网越密,能够越好地表示空间变形,但在转换过程中产生的拓扑错误也越多。因此,下文分别针对三种不同疏密程度的格网进行比较。当格网较稀疏时一般不会产生拓扑错误,图 3.15 是间隔为 8°的格网结果。

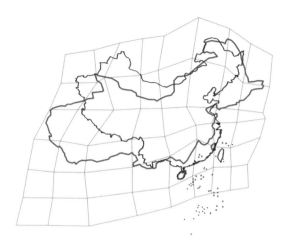

图 3.15   间隔为 8°的格网的变形转换结果

（本图仅为试验数据,不作为版图显示）

但是当格网进一步加密时,则产生了拓扑错误。图 3.16(a)是间隔为 4°的出现拓扑错误的格网,图 3.16(b)是通过约束条件调整后的格网。

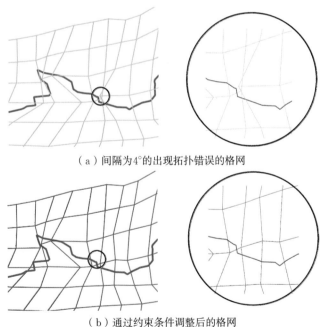

（a）间隔为4°的出现拓扑错误的格网

（b）通过约束条件调整后的格网

图 3.16   间隔为 4°的格网变形转换产生的拓扑错误修正

（本图仅为试验数据,不作为版图展示）

格网再进一步加密,产生的拓扑错误更多。图 3.17 是 2°间隔的格网应用约束条件的前后对比图,不难发现格网的拓扑错误得到了有效的修正,且保持了总体的变形特征和趋势。

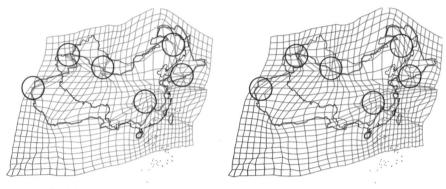

（a）间隔为2°的出现拓扑错误的格网　　　（b）通过约束条件调整后的格网

图 3.17　间隔为 2°的格网变形转换产生的拓扑错误修正

（本图仅为试验数据,不作为版图展示）

3.6.3　以北京为中心的时间 Cartogram

地图数据经过变形转换后,地图上中心点与任意一点的距离表示两点之间的时间距离。为了加强可视化效果,让人更容易感知时间距离的大小,以北京为中心,绘制同心圆等时线,如图 3.18 所示(图幅所限,仅标注部分城市)。从图上可以快速了解北京与各个城市之间的时间距离关系,以北京为中心的多时空交通圈在图上一目了然,例如可快速获知北京 3 小时交通圈包含哪些城市。同时在图上可以明显看到,以北京为中心的交通圈的非对称性特征在时间 Cartogram 中表现为,交通圈的延伸并非以北京为中心向外等幅扩张,而是沿着某个方向或者某几个方向“偏向式”发展,且一般沿着交通线发达的方向发展。

3.6.4　时间 Cartogram 的空间变形可视化

时间 Cartogram 的空间变形反映地理空间和时间空间的相互关联程度。从最后变形后的时间 Cartogram 可以看出,整体上西部和东北部区域向外扩张,东南部向内收缩;并且在东南部和部分东北部区域,变形较为剧烈,且呈现向中心点收缩趋势;而大部分西部区域变形较为均匀,这与该区域具有铁路时间信息的市县点数量较少有关,如图 3.19 所示。

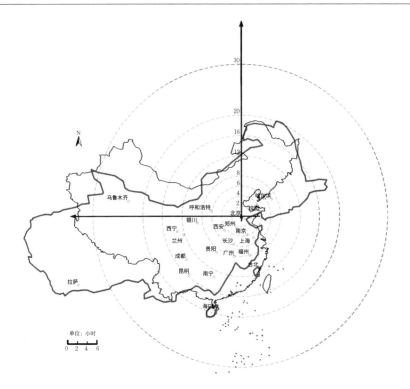

图 3.18　以北京为中心的同心圆等时线

（本图仅为试验数据，不作为版图展示）

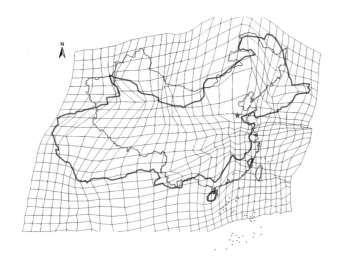

图 3.19　间隔为 2°的格网变形表现时间 Cartogram 的变形

（本图仅为试验数据，不作为版图展示）

3.7　评价与分析

3.7.1　生成算法评价与分析

（1）该算法不仅能够表达以某点为中心的时间数据，也适用于广义距离数据的表达，即不仅可以表达时间距离，也可以用来表示中心城市与其他城市的经济联系强度、旅行费用、贸易往来等。但是该算法只适用于单向距离的数据，并不适用于双向距离的数据，即如果 A 市到 B 市的距离不等于 B 市到 A 市的距离，则该算法不适用。

（2）该算法适用于不同区域和不同空间尺度下的距离数据的表达。为了验证在不同区域和不同空间尺度下该算法的适用性，本书选择德国的拜恩州为研究区域，以 2017 年 2 月 2 日上午 8:30 前后慕尼黑主火车站至该州其他 26 个城市主火车站的铁路旅行时间为研究数据，利用该算法完成以慕尼黑为中心的时间 Cartogram 的构建，如图 3.20 所示。

图 3.20　以慕尼黑为中心的时间 Cartogram

（3）与其他算法相比，该算法能够有效地避免拓扑错误，但检测和修正拓扑错误需要耗费更长的运算时间。尤其在格网的拓扑错误纠正上，由于需要反复迭代到不出现拓扑错误的上级格网，需要耗费较长的运算时间，这也是该算法下一步需要优化和改进的地方。

3.7.2　表示方法评价与分析

（1）通过灵活应用多种视觉变量，时间 Cartogram 可取得较好的可视化效果。

图 3.21 和图 3.22 展示了两种不同的以慕尼黑为中心的时间 Cartogram 可视化结果。图 3.21 中使用箭头颜色、方向、长短表示收缩或扩张的趋势和程度。图 3.22 中使用颜色深浅表示距离的远近，并且使用规则的等时线，图面简洁，可视化效果更好。

图 3.21　以慕尼黑为中心的时间 Cartogram 与原政区边界对比

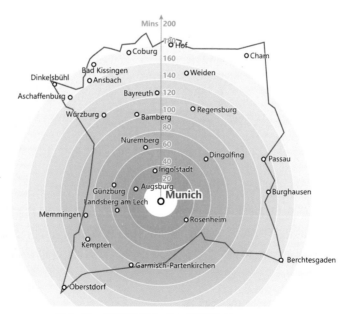

图 3.22　以慕尼黑为中心的时间 Cartogram

（2）从信息传输的有效性来看，时间 Cartogram 与传统等时线图相比能够更精确地表达时间距离，并且能够让读图者更快地识别不同点距离中心点的时间距离的远近。以上海、西安和长沙 3 个城市为例，其中北京—上海为 4 小时 48 分钟，北京—西安为 4 小时 25 分钟，北京—长沙为 5 小时 38 分钟。如图 3.23 所示，在时间 Cartogram 上读图者能够根据与中心点（北京）的图上距离快速地判断出西安、长沙、上海距离北京的时间距离在 4 小时到 6 小时圈内，同时能够根据图上距离远近判断与北京的时间距离关系为：西安＜上海＜长沙，且图上的时间距离具备精确的可量测性。而在传统等时线图上等时线之间的距离不具备精确的可量测性，虽然读图者能够较容易地判断出西安和上海距离北京的时间距离（高铁）在 4 小时到 6 小时圈内，但是难以确定西安和上海距离中心点的时间距离大小，并且相比时间 Cartogram 中规则的同心圆等时线，不规则的等时线所花费的判断时间更长；另外，由于北京至长沙周围城市比至长沙的时间距离更大，长沙形成了一个孤立点，容易错判在 6 小时之外。

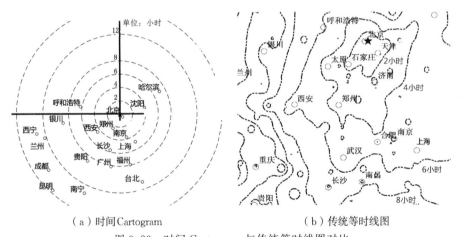

（a）时间 Cartogram　　　　　　　　　　（b）传统等时线图

图 3.23　时间 Cartogram 与传统等时线图对比

第4章 面向双(多)变量的连续面 Cartogram 构建方法与实现

复杂连续面 Cartogram(简称"连续面 Cartogram")一直是 Cartogram 研究中最重要、最活跃的一部分,被认为是面 Cartogram 的标准类型。过去研究表明 Cartogram 能够很好地表达单一变量(如人口、选票等)。本章在分析传统的双(多)变量的可视化方法基础上,试图将连续面 Cartogram 应用到双(多)变量制图中。具体来说,通过对经典的扩散模型的连续面 Cartogram 算法进行优化和改进,以及对连续面 Cartogram 进行空间内插和符号扩展,从而实现面向双(多)变量的连续面 Cartogram 构建。最后,将该方法应用到慕尼黑人口密度、银行和 ATM 分布(双变量)、奥格斯堡人口密度、幼儿园分布及幼儿园提供的不同类型幼儿看护数量(多变量)的可视化中。试验证明,与传统方法相比,本方法更容易发现设施分布不均衡等问题,能够为城市规划、政策制定等提供辅助参考。

4.1 双(多)变量制图方法概述

4.1.1 双(多)变量制图方法

地图历来擅长于用空间定位的图解方式显示地理现象的数量特征与量变过程,从而揭示地理现象的发展状况、过程和规律。如何在一个纯粹的平面上表示丰富的视觉世界,正是双(多)变量制图需要解决的命题。双(多)变量制图能够同时表达多种数据,不仅能够表达出不同地理现象的地理分布特征,同时也能够表达出不同地理现象间的关系,信息传递效率更高。但是,二维地图空间是有限的,如何在有限的地图空间中尽量多地有效传递不同的空间信息是双(多)变量制图方法的关键。

目前双(多)变量制图方法主要分为两类:

(1)在传统地图表示方法(如等值区域法、分区统计图表法等)的基础上,运用多种视觉变量的组合或地图符号的扩展达到表示两种或者多种地理现象的目的。图 4.1(a)使用不同色相表示 1989 年非洲国家预期寿命和国民生产总值关系,图 4.1(b)使用不同尺寸符号和不同明度表示 2000 年美国得克萨斯州各县西班牙裔人口及 18 至 21 岁人口百分比,图 4.1(c)使用星形(雪花)符号表示 1982 年美国南卡罗来纳州人民的生活质量,图 4.1(d)用脸部轮廓、嘴巴、眼睛、眉毛及肤色代

表 1971 年洛杉矶人民生活质量。

（a）1989 年非洲国家
预期寿命和国民
生产总值关系

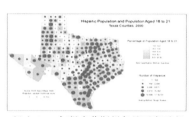

（b）2000 年得克萨斯州各县西班牙裔
人口及 18 至 21 岁人口百分比

（c）1982 年
南卡罗来纳州
人民生活质量

（d）1971 年
洛杉矶人民
生活质量

图 4.1　传统的双(多)变量制图方法示例

　　（2）基于面 Cartogram 表达双(多)变量。关于面 Cartogram 表达双(多)变量地理要素的研究较少。Dorling（1991）在面 Cartogram 对双(多)变量地理要素的表达上作了一些有益的尝试，将 Chernoff 脸谱和多林 Cartogram 的一种变体结合起来，形成 Chernoff Cartogram，用来描述 1983 年英国大选分布的基本情况，如图 4.2 所示。该图忽略了所有的基础地理要素，由 Chernoff 脸谱符号组成，同时为保证符号之间不重叠，允许位置上有稍许的偏移。其中，Chernoff 脸谱上的脸部轮廓、鼻子、嘴巴等形状主要用来描述房价中位数、投票率和就业率等社会指标，总共可以组合 625 种不同的面孔；Chernoff 脸谱的颜色则用来描述对工党、保守党等其他党派的支持率。

　　胡文亮等（2003）总结了双(多)变

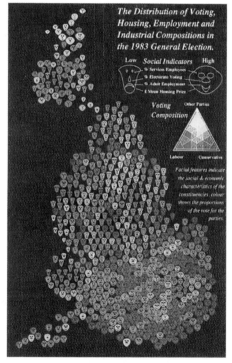

图 4.2　Chernoff Cartogram

量拓扑图的表达方法，并在矩形 Cartogram 的基础上进行符号拓展以实现量化指标的表达与传递。艾廷华等（2013）利用矩形 Cartogram 中矩形易于分割的特点，将矩形 Cartogram 与 TreeMap 相结合表达多层次的属性数据，用矩形面积表达人均收入（第一变量），矩形分割进一步表示收入的类别状况（第二变量）。而 Nusrat（2017）在多林 Cartogram 基础上对圆形符号进行扩展，同时使用圆形符号的颜色和尺寸表达麦当劳和星巴克在美国各州的分布情况，如图 4.3 所示。

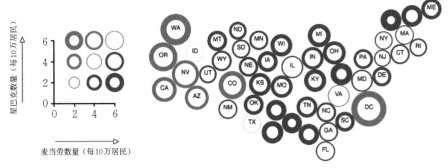

图 4.3　麦当劳和星巴克在美国各州的分布情况

4.1.2　问题分析

（1）难以表达相邻区域之间的基本状况。目前基于面 Cartogram 的双（多）变量制图方法一般是以行政区域为单元进行变量统计，这样能够很好地反映各个独立乃至整体区域的基本情况。但由于没有考虑地理现象在区域中的位置，很难反映区域与区域之间，尤其是相邻区域之间的基本情况。如图 4.4 所示，无论是使用等值区域法或者多林 Cartogram 的表示方法，区域单元线的略微偏移都会造成两种迥然不同的结果，而且这两种表示方法都无法反映两个区域边界地区学校密集和其他地区学校稀疏的地理分布特征。

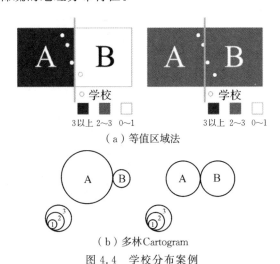

（a）等值区域法

（b）多林Cartogram

图 4.4　学校分布案例

（2）目前的研究中，基于 Cartogram 的双（多）变量制图主要基于矩形 Cartogram 和多林 Cartogram 等简单图形的面 Cartogram，在此基础上通过符号扩展实现双（多）变量的表达。从所表达的数据来说，目前的研究多是针对面状区域内的专题要素的数量信息进行表达，缺少对面状区域内不同地理现象空间分布差异的制图表达。Dorling(1991)、胡文亮等(2003)和艾廷华等(2013)的研究主要针对一类属性数据的不同层次特征进行表达，缺少不同类型数据间的对比与分析。Nusrat(2017)的研究虽然是针对两类数量数据的对比，但注重统计量化数据的传递，并没有对两类地理现象的空间分布规律进行对比分析。多林 Cartogram 是一种离散 Cartogram，构建方法较为简单，但舍弃了区域间的连续性；而矩形Cartogram 虽然保留了部分的邻接关系，但是由于区域形状的简化，区域与区域之间并不完全保持连续性，这会干扰人们的空间认知，不利于进一步对不同现象的地理分布差异特征进行分析。

4.2　研究思路

　　针对以上问题，本书提出了面向双（多）变量的连续面 Cartogram 构建方法的整体思路。

　　(1)针对区域划分规则，格网化的统计数据可以有效弱化可塑面积单元对数据分析和表达的影响，使研究结果更易于理解。因此，对行政区划单元的统计数据格网化是统计数据空间分析和表达的常用处理方法。本书采用格网化数据进行Cartogram 可视化表达，能够有效解决不同区域划分方式所带来的地理分析结果不一致的问题。

　　(2)针对目前基于面 Cartogram 表达双（多）变量难以表达不同地理现象空间分布差异性的问题，本书采用连续面 Cartogram 表达双（多）变量。与多林Cartogram 和矩形 Cartogram 不同，连续面 Cartogram 通过变形在调整地理单元大小的同时保持整个区域的连续性，因此更能反映区域与区域之间，尤其是区域边界的地理要素分布情况，与人们对地理空间的认知更加一致。

　　因此本书尝试以连续面 Cartogram 为基础，将其他地理现象通过内插重新计算其位置，并与连续面 Cartogram 进行叠加，获得不同类型地理现象的分布差异特征，从而更有利于地理问题的发现。基本思路如图 4.5 所示，本书选取一种变量（如人口密度）作为基础变量，首先根据该变量，将传统地图变换为连续面Cartogram，再对第二变量（如学校）进行空间内插，重新计算其在连续面Cartogram 的位置，并与连续面 Cartogram 进行叠加，从而实现面向双变量的连续面 Cartogram 可视化。如果还有其他变量（如学校能够招收的学生数量和学生类型等），则通过扩展符号实现面向多变量的连续面 Cartogram 可视化。连续面Cartogram 的具体生成算法，本书使用最经典的基于扩散模型的连续面Cartogram 生成算法。该算法的基本思想和原理非常直观明了，但具体实现上却存在诸多问题和挑战，本书在具体实现中作了部分优化改进，一定程度上提升了算法的效率。

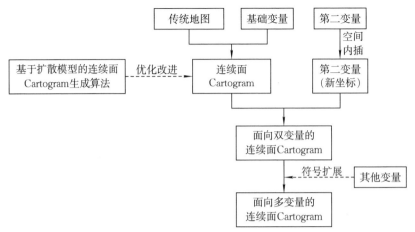

图 4.5   面向双（多）变量的连续面 Cartogram 生成的基本思路

4.3   连续面 Cartogram 生成算法的优化实现

4.3.1   扩散算法的基本原理和实现

基于扩散模型的连续面 Cartogram 生成算法来源于基本物理学中的扩散模型思想，模拟液体从高密度向低密度扩散，直至密度均衡状态的过程。在该转换中，以人口密度地图为例，允许人口从高密度地区"流向"低密度地区，最终改变地理区域的形状使每个区域密度均衡，即首先通过格网密度计算每个格网边界上的扩散速度，然后将扩散速度进行积分求解格网边界的位移，从而得到变形后的格网，再次求解格网密度，直至格网密度均衡，算法结束。由于该算法非常快速有效，同时保留了区域间的连续性，在易读性和地理准确性方面非常突出，而且在图形扭曲度上保持了一定的灵活度，用户可以在密度均衡程度和图形扭曲程度之间作出调整，因此是应用最广泛的连续面 Cartogram 生成算法（Gastner et al.，2004；Hennig，2011）。

扩散算法的基本原理如下：假定人口密度函数为 $\rho(r)$，r 表示地理位置，同时允许该地图的人口密度进行扩散，当时间 $t \to \infty$，人口密度会达到均衡状态，地理位置的位移会使原始地图变成一个等密度 Cartogram。在单位时间内通过垂直于扩散方向的单位截面积的扩散物质流量，称为扩散通量（diffusion flux），用 J 表示。显然 J 由 t 时刻该截面的扩散速度和密度决定，$v(r,t)$ 表示在 r 位置 t 时刻的当前速度，$\rho(r,t)$ 表示在 r 位置 t 时刻的当前密度，则

$$J = v(r,t)\rho(r,t) \tag{4.1}$$

根据菲克第一定律，扩散通量 J 与该截面处的浓度梯度（concentration gradient）成正比，数学表达式为

$$J = -D \nabla_\rho, \quad D = 1 \tag{4.2}$$

式中，∇_ρ 为浓度梯度；D 为扩散系数，是一个常量，在不影响计算结果的前提下，为简化模型，可以将该常量设置为 1。也就是说，当浓度梯度越大，即邻近区域密度差异越大，扩散速度越快，扩散通量就越大。

由式(4.1)和式(4.2)，不难得出速度和人口密度的关系为

$$v(r,t) = -\frac{\nabla_\rho}{\rho} \tag{4.3}$$

对于地图上任意 t 时刻点的位置，可以根据初始位置 $r(0)$ 和不同时刻的速率计算得出

$$r(t) = r(0) + \int_0^t v(r,t')\,\mathrm{d}t' \tag{4.4}$$

当 $t \to \infty$，则会生成最终的等密度 Cartogram。

该算法的基本思想和原理直观明了，但在具体实现过程中，需要解决以下两个基本问题。

1. 连续面 Cartogram 的边界假定问题

在实际的连续面 Cartogram 生成过程中，如果对连续面 Cartogram 的边界不作限制，人口数据会无限制地从高密度地区流入低密度地区，直至完全稀释，因此如何科学合理地假定边界是实现该算法的基本前提。针对该问题，解决思路是限定一个边界。由于地图不可能是无限的，同时在绝大多数情况下并不需要绘制整个地球，因此国家和地区的边界或者海岸线等就成了连续面 Cartogram 的自然边界。为了进一步简化问题，可以将试验地区的外接矩形作为边界，假定外接矩形的长和宽分别为 L_x 和 L_y，一个理想的扩散过程是 $(L_x, L_y) \to \infty$ 时，数据会完全扩散开直至稳态。通常的做法是采用第二类边界条件(诺依曼边界条件)(Cheng et al.，2005)来限定这个扩散模型，即类似于将一个"墙"设定为连续面 Cartogram 的边界，认为在边界处不存在数据的流动，速度为 0。在实践过程中，认为 L_x 和 L_y 是试验区域外接矩形的 3 到 4 倍即可。

2. 速度和密度函数的傅里叶变换

由于密度一直随时间和位置动态变化，并不易求解。解决办法是将时间域中的密度函数变换到频率域中进行求解，即通过傅里叶变换求解任意时刻任意位置的密度，进而根据式(4.3)求解任意时刻任意位置的速度。

针对该问题，首先需要将扩散方程转换到傅里叶空间中进行计算，第二类边界条件下的傅里叶变换的基础实际上是离散余弦变换，可以将密度函数从时间域 $\rho(r,t)$ 转换到频率域 $\tilde{\rho}(k)$，$k = (k_x, k_y) = 2\pi\left(\dfrac{m}{L_x}, \dfrac{n}{L_y}\right)$，其中 m, n 均为非负整数，$\tilde{\rho}(k)$ 是 $\rho(r, t=0)$ 的离散余弦变换，表示为

$$\tilde{\rho}(k) = \begin{cases} \dfrac{1}{4} \displaystyle\int_0^{L_x}\int_0^{L_y} \rho(r,0)\,\mathrm{d}x\,\mathrm{d}y & k_x = k_y = 0 \\[3mm] \dfrac{1}{2} \displaystyle\int_0^{L_x}\int_0^{L_y} \rho(r,0)\cos(k_y y)\,\mathrm{d}x\,\mathrm{d}y & k_x = 0 \text{ 且 } k_y \neq 0 \\[3mm] \dfrac{1}{2} \displaystyle\int_0^{L_x}\int_0^{L_y} \rho(r,0)\cos(k_x y)\,\mathrm{d}x\,\mathrm{d}y & k_x \neq 0 \text{ 且 } k_y = 0 \\[3mm] \displaystyle\int_0^{L_x}\int_0^{L_y} \rho(r,0)\cos(k_x y)\cos(k_x y)\,\mathrm{d}x\,\mathrm{d}y & \text{其他} \end{cases} \tag{4.5}$$

任意位置和任意时刻的密度 $\rho(r,t)$ 的计算公式为

$$\rho(r,t) = \frac{4}{L_x L_y} \sum_k \tilde{\rho}(k)\cos(k_x y)\cos(k_x y)\mathrm{e}^{-k^2 t} \tag{4.6}$$

根据式(4.3)和式(4.6)可以分别计算出水平和垂直方向的速度,为

$$\left. \begin{aligned} v_x(r,t) &= \frac{\displaystyle\sum_k k_x \tilde{\rho}(k)\sin(k_x x)\cos(k_y y)\mathrm{e}^{-k^2 t}}{\displaystyle\sum_k \tilde{\rho}(k)\cos(k_x x)\cos(k_y y)\mathrm{e}^{-k^2 t}} \\[4mm] v_y(r,t) &= \frac{\displaystyle\sum_k k_y \tilde{\rho}(k)\cos(k_x x)\sin(k_y y)\mathrm{e}^{-k^2 t}}{\displaystyle\sum_k \tilde{\rho}(k)\cos(k_x x)\cos(k_y y)\mathrm{e}^{-k^2 t}} \end{aligned} \right\} \tag{4.7}$$

Gastner 等(2004)采用边界条件和傅里叶变换较好地解决了上述问题,并指出如果选定的边界范围与研究区域相比足够大,那么不同类型的边界条件对连续面 Cartogram 的变形的影响非常小。从算法实现和逻辑合理性上综合考虑,采用了第二类边界条件来限定这个扩散模型。扩散算法的基本原理及其实现如图 4.6 所示,具体算法流程如下:

(1)计算格网初始密度。

(2)通过傅里叶变换得到任意时刻的格网密度。

(3)通过邻近格网的密度差计算出该时刻格网边界速度,由于限定了边界条件,边界处的格网边界速度为 0。

(4)通过积分得出格网边界位移。

(5)判断所有格网边界位移是否发生变化,如没有变化则整个算法结束,否则回到步骤(2)。

4.3.2　扩散算法的优化

扩散算法在细节方面仍存在以下两个问题:

(1)格网密度差异问题。当格网密度为 0 或者邻接格网密度差异很大时,很可能算法迭代多次都无法达到密度均衡的要求,从而导致算法失败。

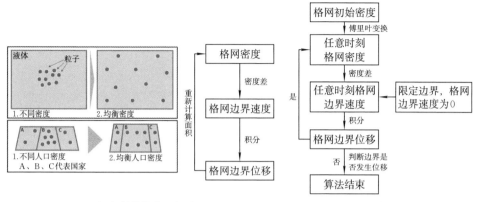

（a）扩散算法基本原理　　　　　　　　　　（b）扩散算法具体实现

图 4.6　基于扩散模型的等密度 Cartogram 算法基本原理和实现

（2）积分循环次数过长问题。理论上只有时间趋近于无穷,才会生成等密度 Cartogram,同时为了确保积分的准确性,时间步长会设置得非常小,从而导致循环次数过长,运行效率低下。

因此可通过格网密度补偿和积分步长逐步试探法来解决上述两个问题。

针对问题(1),可将人口的数量作整体的正向偏移,具体偏移方法为

各格网正向偏移后的人口数量＝各格网人口数量＋人口均值×偏移系数　(4.8)

偏移系数可以依据实际情况而定。这样既可以避免零值出现,也可以在一定程度上减小邻接格网密度差异。

针对问题(2),可采用积分步长逐步试探法,有效缩短循环次数,提高运行效率。在计算机中进行积分运算,工程上通常采用高精度单步算法——四阶龙格-库塔法(Cheng et al.,2005),即已知时刻 t_n 的位置 r_n,一个时间步长 h 后的 r_{n+1} 为

$$r_{n+1} = r_n + \frac{k_1 + 2k_2 + 2k_3 + k_4}{6} \qquad (4.9)$$

式中,

$$k_1 = v(r_n, t_n) \times h$$

$$k_2 = v\left(r_n + \frac{k_1}{2}, t_n + \frac{h}{2}\right) \times h$$

$$k_3 = v\left(r_n + \frac{k_2}{2}, t_n + \frac{h}{2}\right) \times h$$

$$k_4 = v(r_n + k_3, t_n + h) \times h$$

积分步长逐步试探法的核心思想是首先按照单步步长 h 进行积分,通过 r_n 计算出 r_{n+1},再依据 r_{n+1} 计算出 r_{n+2}。同时也采用双步步长 $2h$ 积分计算出 r'_{n+2}。如果积分前后格网的位移不再发生变化或者位移小于某一给定阈值 φ,即 $r_n = r_{n+2} =$

r'_{n+2} 或 $|r'_{n+2}-r_n|<\varphi \wedge |r_{n+2}-r_n|<\varphi$，则整个程序结束。如果 r_{n+2}，r'_{n+2} 还存在位移误差，则根据位移误差的大小计算时间步长比率 $ratio$，为

$$ratio = \begin{cases} \left(\dfrac{2D}{\max|r'_{n+2}-r_{n+2}|}\right)^{\frac{1}{5}} & ratio < 4 \\ 4 & ratio \geqslant 4 \end{cases} \tag{4.10}$$

式中，D 为常量。为确保积分的准确性，本书限定时间步长比率最大为 4，如果依据式(4.10)计算出来的时间步长比率大于 4，则将步长按照 4 倍进行扩展，如果计算出来的时间步长比率小于 4，则按照计算出来的时间步长比率进行扩展，直至格网位置不再变化，算法结束。算法流程如图 4.7 所示。

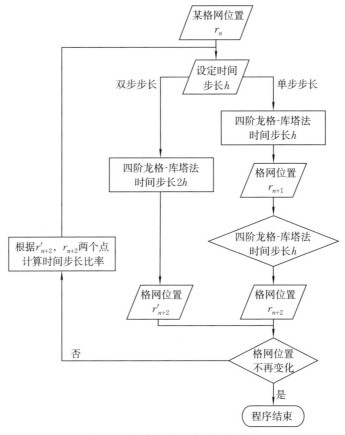

图 4.7　积分步长逐步试探法流程

4.3.3　扩散算法的算例实现

以一个 1 km×1 km 的四格网为例，格网中为人口数量，以左上角点为原点，建立二维平面直角坐标系，首先将人口数量依据式(4.8)作整体的正向偏移，该算

例中将偏移系数设置为 0.005,对格网进行整体密度补偿,并创建格网坐标,如图 4.8 所示。

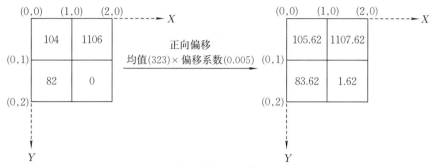

图 4.8　格网数值的总体正向偏移

根据初始密度,可以计算出每个格网水平方向和垂直方向的速度,如图 4.9 所示。对于每个格网节点而言,数据从该格网节点所对应的左下方格网流入为正,流出为负。

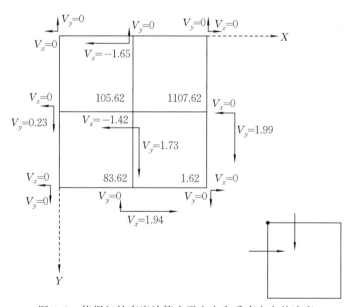

图 4.9　依据初始密度计算水平方向和垂直方向的速度

取初始时间步长为 0.002 s,按照积分步长逐步试探法,每次循环按照两种方法计算下一个时刻各格网点的位移 r_{n+2} 与 r'_{n+2},两者进行比较求得格网点中位移最大的误差,依据式(4.10)计算出时间步长比率。经过实践,认为 D 取值 0.01 可以取得较好的效果。如表 4.1 所示,在近 180 s 内,仅经历了 11 次循环迭代,计算结果就得到快速收敛,各格网点位移不再发生变化,呈现稳态。

表 4.1　积分步长逐步试探法收敛过程

序号	时间/s	时间步长/s	位移误差	计算时间步长比率	实际时间步长比率
1	0	0.002	6×10^{-12}	80.37	4
2	0.002	0.008	4.05×10^{-9}	21.81	4
3	0.01	0.032	1.09×10^{-6}	7.12	4
4	0.042	0.128	4.783×10^{-5}	3.34	3.34
5	0.17	0.428	1.371×10^{-4}	2.71	2.71
6	0.598	1.159	1.426×10^{-4}	2.69	2.69
7	1.757	3.116	1.469×10^{-4}	2.67	2.67
8	4.874	8.326	3.265×10^{-7}	9.07	4
9	13.200	33.304	1.611×10^{-15}	415.68	4
10	46.504	133.217	0	—	—
11	179.721	—			

原始格网和变换后格网的结果对比如图 4.10 所示。

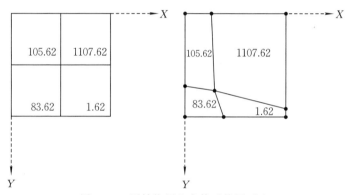

图 4.10　原始格网和变换后格网对比

4.4　基于连续面 Cartogram 的双(多)变量可视化方法

　　解决连续面 Cartogram 的自动生成后,即完成了第一变量的表达。对于新变量的表达,需要通过空间内插重新计算其在连续面 Cartogram 的位置。如果还有其他变量(如学校能够招收的学生数量和学生类型等),则通过扩展符号实现面向多变量的连续面 Cartogram 可视化。因此本节主要研究两个问题,一个是基于连续面 Cartogram 的空间内插问题,一个是面向双(多)变量的连续面 Cartogram 可视化方法。最后在前一个算例的基础上进一步扩展,以说明方法如何具体应用。

4.4.1　基于连续面 Cartogram 的空间内插

　　基于连续面 Cartogram 的空间内插实际上是一个简单的格网内插,通常的做法是在水平和垂直两个方向上分别进行一次线性插值。如图 4.11 所示,已知 Q_{11},Q_{12},Q_{21},Q_{22} 四个已知点坐标,计算 P 点 x 和 y 值。

首先在水平方向上进行一次线性内插得到 $R_1(x,y_1)$ 和 $R_2(x,y_2)$ 两个点,插值公式为

$$f(R_1) = \frac{x_2-x}{x_2-x_1}f(Q_{11}) + \frac{x-x_1}{x_2-x_1}f(Q_{21})$$

(4.11)

$$f(R_2) = \frac{x_2-x}{x_2-x_1}f(Q_{12}) + \frac{x-x_1}{x_2-x_1}f(Q_{22})$$

(4.12)

然后在垂直方向上进行一次线性内插,得到最终的结果 P 点,插值公式为

$$f(P) = \frac{y_2-y}{y_2-y_1}f(R_1) + \frac{y-y_1}{y_2-y_1}f(R_2)$$

(4.13)

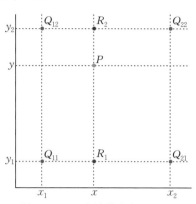

图 4.11　二次线性内插原理

需要注意的是,双线性插值与插值先后顺序无关,无论是先从水平方向还是垂直方向所得结果都相同。如果将四个已知点 Q_{11},Q_{12},Q_{21},Q_{22} 作归一化处理,将其坐标分别简化为 $(0,0)$,$(0,1)$,$(1,0)$,$(1,1)$,则式(4.13)还可以进一步简化为

$$f(x,y) = f(0,0)(1-x)(1-y) + f(1,0)x(1-y) + \\ f(0,1)(1-x)y + f(1,1)xy$$

(4.14)

4.4.2　面向双(多)变量的连续面 Cartogram 可视化方法

1. 连续面 Cartogram＋点地图

由于连续面 Cartogram 本身就是通过面积来表示某一种地理现象,因此针对双变量而言,实际上可以将第二变量的原始地理位置通过 4.4.1 小节的方法空间内插后,以类似点地图的形式叠加在连续面 Cartogram 上从而实现面向双变量的连续面 Cartogram 可视化,这种方法能够较好地对比不同现象的空间分布差异。

2. 连续面 Cartogram＋符号扩展

如果还有其他变量需要表示,则需要通过扩展符号实现面向多变量的连续面 Cartogram 可视化。扩展符号的核心思想是灵活使用多种基本视觉变量,表达两种或者两种以上变量。

通常在表示各种统计数据时,可以采用点状符号的扩展。点状符号实际上是一个具有一定面积的二维平面,用该平面的总面积表示事物的总量,用各分量占总量的百分比表示其内部构成。圆、环和扇面是最容易进行分割的图形,也是人们应

用最多的符号。将这些扩展的点状符号叠加在连续面 Cartogram 上,从而实现面向多变量的连续面 Cartogram 可视化。

4.5 面向双(多)变量的连续面 Cartogram 实现案例

4.5.1 数据和试验区域描述

在试验区域的选取上,考虑到便于实地查看和验证,选取了两个不同类型的德国南部城市:一个是国际化大都市慕尼黑,慕尼黑是德国拜恩州的首府,总面积达310 km²,2016 年城市人口为 146 万人,是德国南部第一大城市,德国第三大城市,仅次于柏林和汉堡;另一个是距离慕尼黑较近的本土化小城市奥格斯堡,该市位于拜恩州西南部,慕尼黑西北方向,距离慕尼黑约60 km。虽然奥格斯堡是拜恩州第三大城市,但与慕尼黑相比是一个本土化的小城市,截至 2015 年人口不足 30 万人,面积 146 km²。这两个城市的地理位置如图 4.12 所示。

图 4.12　慕尼黑和奥格斯堡的地理位置

基础变量数据主要采用人口统计数据。本章选用欧盟人口格网统计数据作为连续面 Cartogram 变形的基础变量数据。该数据有两个版本,最新版本数据日期为 2016 年 2月1 日,采用投影坐标系 ETRS89/LAEA,格网精度为 1 km。如果难以获取高精度的人口数据,也可以采用格网建筑物数量统计数据。选取该数据是建立在一个基本假设的前提下,即建筑物数量越多表示该区域人口越密集。该数据选择开放街道图居民地图层,提取建筑物中心点,然后按照格网计算出建筑物中心点数量(即房屋数量),并将统计数据挂接在每个格网上,最后形成格网建筑物数量统计数据,具体过程如图 4.13 所示。

图 4.13　建筑物数量计算方法

格网建筑物数量统计数据按照上述思路,由开放街道图居民地图层的建筑物数据生成。慕尼黑地区建筑物分布和建筑物中心点提取的细部图如图 4.14 所示。

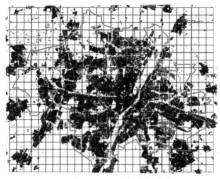

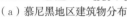

　　　　（a）慕尼黑地区建筑物分布　　　　　　　　　（b）建筑物中心点

图 4.14　慕尼黑地区建筑物中心点提取

　　通过编写爬虫程序从谷歌地图上获取了慕尼黑和奥格斯堡的银行、ATM 机、学校、儿童看护地等不同类型的关注点数据作为第二变量。奥格斯堡的儿童看护数据主要来自谷歌地图及奥格斯堡政府发布的奥格斯堡儿童看护数据，本书对奥格斯堡的全市儿童看护地名册进行了数字化，获取了儿童看护地的位置数据及各儿童看护地能够接收的不同年龄段儿童数量，作为试验研究的第三、第四变量。

4.5.2　双变量案例——以慕尼黑为例

1. 生成连续面 Cartogram

该双变量案例中使用人口统计数据作为基础变量。按照欧盟统一的人口格网划分，横轴方向 28 个格网、纵轴方向 22 个格网即可完全覆盖慕尼黑地区，如图 4.15 所示。

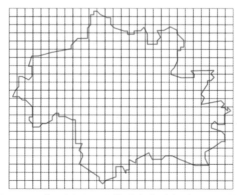

图 4.15　慕尼黑地区及其对应的平方公里人口格网

慕尼黑地区每平方公里格网人口分布情况如图 4.16 所示。图中每平方公里格网人口从 0 到 2 万多不等,人口密度最高的地区主要集中在慕尼黑地区中部。

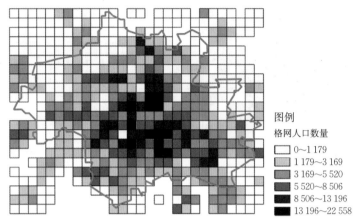

图 4.16   慕尼黑地区每平方公里格网人口分布

根据格网人口数量生成连续面 Cartogram,如图 4.17 所示。

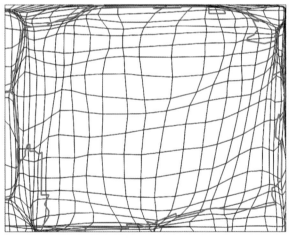

图 4.17   基于格网人口数量的连续面 Cartogram

2. 第二变量的表达

按照上述格网,通过编写爬虫程序从谷歌地图上获取了慕尼黑关注点数据 23 216 条。以 ATM 机(454 条)和银行(995 条)为例,经过空间内插,叠加到基于格网人口数量的连续面 Cartogram 中,其中红色圆点表示 ATM 机,紫色圆点表示银行,如图 4.18 所示。

3. 实例分析

为了进一步对比分析,将银行和 ATM 机分别叠加在基于格网人口数量的连续面 Cartogram 和人口格网中,如图 4.19 所示,可发现标注的 6 个区域在两幅图中的差异。

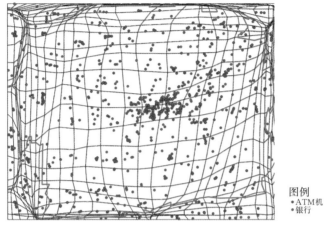

图 4.18　ATM 机和银行叠加在连续面 Cartogram 中

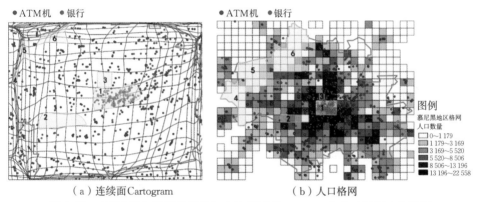

(a) 连续面 Cartogram　　　　　　　　(b) 人口格网

图 4.19　ATM 机和银行分别叠加在连续面 Cartogram 和人口格网中的效果

为了进一步比较与分析,结合在谷歌地球上观察和实地走访,得到如下结论:

(1)在人口格网[图 4.19(b)]中能够发现,在人口稠密的中心城区 ATM 机和银行分布较为密集,但是在连续面 Cartogram[图 4.19(a)]中还能够进一步发现 ATM 机和银行在中心城区的 1 号区域比周边人口更稠密的区域分布更多。1 号区域是从慕尼黑中心火车站通往玛丽亚广场的步行街地段,是慕尼黑重要的商业和旅游区域,因此其人口密度小于周边区域,但是 ATM 机和银行却更多,如图 4.20 所示。

(2)在人口格网中容易发现 4 号、5 号和 6 号区域存在较大的"洞",即在这三个区域中几乎没有 ATM 机和银行。虽然根据图 4.19(b)能够判断出这些区域的人口较为稀少,但是无法确切获知具体数量,只知道其对应的人口数量为 0～

1 179。而在连续面 Cartogram 上,这三个区域已经急剧缩小,并未产生明显的"洞",因此并不引人注意。实际上,这三个区域均存在广袤的农田,人口稀少,因此 ATM 机和银行数量较少,如图 4.21 所示。

图 4.20　谷歌地球上观察到的 1 号区域

图 4.21　谷歌地球上观察到的 4 号、5 号和 6 号区域

　　(3)在人口格网中难以发现 2 号和 3 号区域上存在的"洞",而在连续面 Cartogram 上则非常明显。这两个区域人口都较为稠密,但是缺少 ATM 机和银行分布。

4.5.3　多变量案例——以奥格斯堡为例

　　按照欧盟统一的人口格网划分,横轴方向 17 个格网、纵轴方向 25 个格网即可完全覆盖奥格斯堡地区,每平方公里格网人口从 0 到 9 000 多不等,如图 4.22 所示。

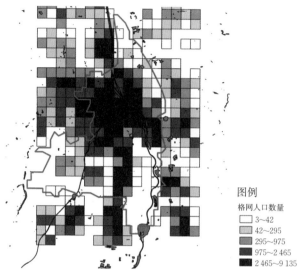

图 4.22　奥格斯堡地区每平方公里格网人口分布

在奥格斯堡儿童看护地主要包括以下七种类型:

(1)KinderKrippe(Krippe),3 岁以下儿童看护地,类似国内的托儿所。

(2)Kindergarten(Kiga),3 岁和 3 岁以上儿童看护地,类似国内的幼儿园。

(3)Horte(Hort),可看护放学后或者放假时的学龄儿童(通常 12 岁以下),类似国内的午托班。

(4)Häuser für Kinder (HfK),不区分年龄,可看护 3 岁以下及 3 岁以上的学龄前儿童。

(5) Sonstige Kindergruppen (Maxiclubs),可看护 3 岁以下儿童,与 Kindergarten 和 KinderKrippe 相比,每周只开放 3 到 4 天,而且每周开放时间不超过 20 小时。

(6)Kindertagespflege 和 Großtagespflege,类似私人保姆儿童看护地,一般 1 位保姆可以最多看护 5 个小孩。

(7)Integrative Einrichtungen,残疾儿童看护地。

试验中,暂不考虑后两种儿童看护地。前三种儿童看护地对所接收的儿童年龄有明确区分,有精确的招收人数上限。Häuser für Kinder 可看护所有学龄前儿童,假定 0～3 岁儿童和 3～6 岁儿童有均等机会获得位置,即当 Häuser für Kinder 有 N 个位置时,认为 0～3 岁儿童和 3～6 岁儿童分别有 $N/2$ 个位置。Sonstige Kindergruppen(Maxiclubs)的看护时间比 KinderKrippe(每周 5 天)少 1 到 2 天,因此当 Sonstige Kindergruppen(Maxiclubs)有 N 个位置时,计算时将其乘以时间比例系数（3.5/5＝0.7）。

首先，按照双变量制图方法，简单地将以上几种儿童看护地叠加到基于人口密度的连续面 Cartogram 上，如图 4.23 所示。

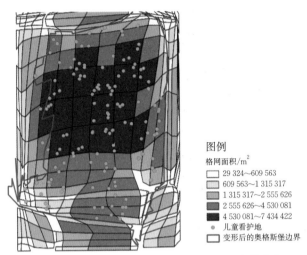

图 4.23   儿童看护地在连续面 Cartogram 上的分布

其次，为了进一步表达不同年龄段儿童的数量，将点符号进行扩展。按照比例圆符号的方法，将每一个儿童看护地可接收的 0～3 岁、3～6 岁和 6 岁以上儿童的数量分布情况叠加在基于人口密度的连续面 Cartogram 上，如图 4.24 所示。

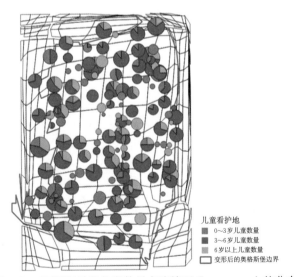

图 4.24   不同年龄段儿童数量在连续面 Cartogram 上的分布

最后，由于要表示儿童看护地可接收的儿童数量，可使用一定尺寸的分级圆符号替代单纯的点符号。因此在人口格网中难以发现奥格斯堡儿童看护地分布不均衡的地方,但是在连续面 Cartogram 上可以看到在中心城区(1 号区域)和中心城区下方(2 号区域)出现了明显的"洞",如图 4.25 所示,说明该区域人口分布较密集,但是缺少相应的儿童看护地分布。这能够为相关部门进一步制定相应的儿童看护地设置政策提供一定的参考依据。通过实地走访和在谷歌地球观察,验证了上述两个区域确实没有儿童看护地,邻近的也在周边区域,如图 4.26 所示。

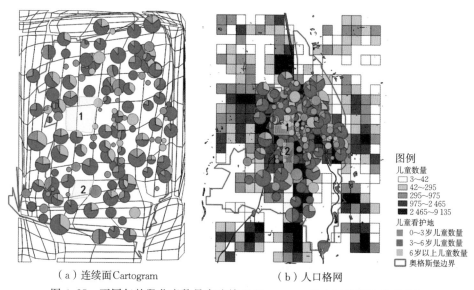

图例

儿童数量
- 3～42
- 42～295
- 295～975
- 975～2 465
- 2 465～9 135

儿童看护地
- 0～3 岁儿童数量
- 3～6 岁儿童数量
- 6 岁以上儿童数量
- 奥格斯堡边界

（a）连续面 Cartogram　　　　　　（b）人口格网

图 4.25　不同年龄段儿童数量在连续面 Cartogram 和人口格网的分布对比

图 4.26　谷歌地球上观察到的 1 号和 2 号区域

4.6　评价与分析

4.6.1　生成算法评价与分析

　　从适用范围上来看,由于本章方法是由目前主流的基于扩散模型的连续面 Cartogram 生成算法扩展而来,因此具备很好的适用性。但是该算法的一个显著缺点是当邻接多边形的属性密度差别很大,或者属性密度小于等于 0 时,可能导致算法最终失败。因此本章在算法的实现中对其人口密度作整体的正向偏移,在一定程度上克服了该算法的缺点。

　　上述两个案例中,由于均采用了密度补偿,因此试验区域都没有出现因密度差异较大而无法收敛的情况,且慕尼黑边界的整体变形非常光滑。但由于奥格斯堡西南部存在大量的森林(森林自然公园),人口稀少,即使进行了密度补偿,边界仍然出现了急剧变形。这一点难以避免,如果对稀少人口进一步进行密度补偿,将会影响 Cartogram 本身的准确性。

　　此外,上述两个案例都采用了积分步长逐步试探法,因此都在迭代 20 次左右时达到了收敛。从表 4.2、表 4.3 中可以看出,按照初始步长 0.002 s 开始循环,整个慕尼黑地区的连续面 Cartogram 生成需要历时 20 712 s 才能收敛。如果不采用积分步长逐步试探法,需要循环 10 356 000 次才能收敛;采用了积分步长逐步试探法,循环迭代 19 次就达到收敛。整个奥格斯堡地区的连续面 Cartogram 生成历时 18 001.925 s 达到收敛。如果不采用积分步长逐步试探法,需要循环 9 000 963 次才能收敛;采用了积分步长逐步试探法,循环迭代 24 次就达到收敛。从表 4.2 中还发现其收敛速度与地区大小并没有相对关系,可能与区域的人口分布存在一定关系,这一点还需要后续进一步验证和研究。

表 4.2　慕尼黑和奥格斯堡地区的连续面 Cartogram 生成收敛过程

序号	慕尼黑地区 (28 km×32 km 格网)		奥格斯堡地区 (17 km×25 km 格网)	
	时间/s	步长/s	时间/s	步长/s
1	0	0.002	0	0.002
2	0.002	0.008	0.002	0.008
3	0.01	0.032	0.01	0.032
4	0.042	0.085	0.042	0.02
5	0.127	0.091	0.062	0.014
6	0.218	0.280	0.076	0.031
7	0.498	0.744	0.107	0.037

续表

序号	慕尼黑地区 (28 km×32 km 格网)		奥格斯堡地区 (17 km×25 km 格网)	
	时间/s	步长/s	时间/s	步长/s
8	1.242	1.527	0.144	0.024
9	2.769	3.137	0.168	0.017
10	5.906	7.036	0.185	0.069
11	12.942	16.707	0.254	0.208
12	29.649	36.253	0.462	0.467
13	65.902	77.128	0.929	1.089
14	143.030	158.885	2.018	2.407
15	301.905	384.097	4.425	5.489
16	686.012	953.619	9.914	12.182
17	1 639.631	3 814.476	22.096	24.242
18	5 454.107	15 257.903	46.338	53.843
19	20 712.010		100.181	112.89
20	—	—	213.071	296.514
21	—	—	509.585	832.968
22	—	—	1 342.553	3 331.875
23	—	—	4 674.428	13 327.498
24	—	—	18 001.926	—

表 4.3　慕尼黑和奥格斯堡地区的连续面 Cartogram 完全收敛次数对比

是否采用积分步长逐步试探法	慕尼黑地区/次	奥格斯堡地区/次
否	10 356 000	9 000 963
是	19	24

4.6.2　表示方法评价与分析

与传统表示方法相比,无论是在表现双变量还是多变量上,该方法都能有效克服可塑面积单元问题,不以行政区划或者规则格网为统计单元,能够更好地反映各个独立区域乃至整体的基本情况。同时连续面 Cartogram 更容易让用户发现地图上两种变量值相差较大的地方。如图 4.27 所示,在连续面 Cartogram 上可以轻易地发现图中红圈范围,尽管人口密度较高,但是银行和 ATM 机的分布比较稀疏,而这一现象在传统地图中就难以察觉。

传统地图的多变量制图通过符号扩展表达多变量,但由于地图空间是有限的,符号过多会产生压盖现象,难以有效表达出不同地理现象的分布差异。而连续面 Cartogram 按照人口密度对原始地图进行拉伸或压缩,更有利于多变量分布差异的表达。如图 4.27 所示,在传统地图中难以发现奥格斯堡中心地带缺少儿童看护地,而在连续面 Cartogram 上却能够发现这一区域儿童看护地数量与人口分布之间的差异,这种不同变量分布的差异对于进一步优化儿童看护地分布具有一定意义。

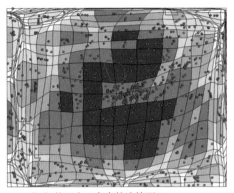 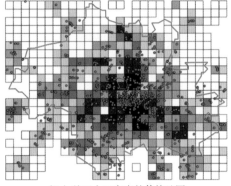

（a）基于人口密度的连续面Cartogram　　　　　　（b）基于人口密度的传统地图

图 4.27　同一地区基于人口密度的连续面 Cartogram 和传统地图

第5章　基于时间 Cartogram 的交通可达性变化可视化与分析

本章在第3章研究方法的基础上,将时间 Cartogram 应用在交通可达性变化的可视化与分析中。首先概述交通可达性对时空格局演变的影响,总结现阶段交通可达性变化的可视化方法及存在问题。在此基础上提出基于时间 Cartogram 多视角探索时空格局演变模式的研究思路。并通过时间 Cartogram 可视化方法展现北京与其他226个城市1996—2016年的时间距离关系变化,探索和挖掘以北京为中心的时空格局变化规律和时空收缩特征。

5.1　概　　述

5.1.1　基于时间 Cartogram 的时空数据可视化

时空数据可视化是以图的形式将时空数据展示出来,它对于地理学的意义就如显微镜对于生物学的意义。人类视觉先将属性的位置依赖关系及时间变化信息直接传入大脑,大脑再根据直觉和形象思维进行知识推理和综合分析。相对于电脑,人脑擅长处理非数值量,但其处理过程尚不完全清楚。时空数据可视化作为统计数值分析的先导和补充,提供信息和提示时空规律(王劲峰 等,2014)。时空数据可视化不仅能够对空间实体某时刻的分布和形状进行表达,还能够对空间实体不同时刻的状态或属性按照演化过程进行空间动态模拟。用动态的观点来观察和认识事物,才能获得对事物和现象全面且正确的认识。

时间 Cartogram 能够很好地表达时间距离的分布,加入同心圆等时线后能够直观地反映以某点为中心的等时圈。这种时间 Cartogram 也能够反映各个城市与中心城市之间的时间距离关系,反映城市间的交通可达性。因此,时间序列的时间 Cartogram 对比能够表示出时间距离地理分布的变化,反映交通可达性的变化,从而有效揭示时空收缩特征。如图5.1所示,不同年份瑞士道路交通时间 Cartogram 清晰地反映出1950—2000年瑞士不同城市之间的时间距离收缩了近一半(Axhausen et al.,2006)。

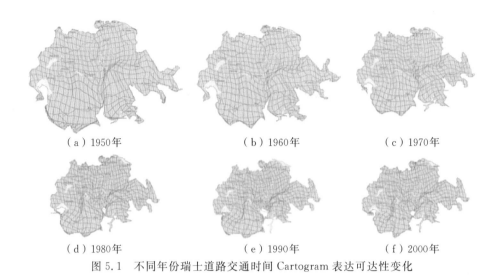

（a）1950年　　　　　　（b）1960年　　　　　　（c）1970年

（d）1980年　　　　　　（e）1990年　　　　　　（f）2000年

图 5.1　不同年份瑞士道路交通时间 Cartogram 表达可达性变化

5.1.2　交通可达性对时空格局演变的影响

1. 地理空间与时间空间

地理空间是独立于人的观念之外而客观存在的，是刚性的、恒定不变的，可以通过尺度（本书为欧氏距离）真实地测量出来，而作为表达时间距离关系的时间空间则是不断变化的。时间空间受人的感知形成的观念影响，人通过发明、创造和制作的工具来感知这个世界，因此对时间空间的感知离不开社会生产力发展水平，具体来说就是会受到交通技术水平的影响（刘贤腾 等，2014）。可以想象，人类社会出现伊始，由于交通工具简单而单一，在相对均质的地理空间中（不包括自然地形因素的影响），人类对时间空间的感知是相对均匀的，且在任何方向上基本一致，地理空间与时间空间保持稳定而一致的相似性关系。当然，两者除了具有一定的相似性，也具有相异性。在本书的研究中，这种相似性表现为在这两个空间中城市间整体上的相对位置关系和邻近关系具有稳定的一致性，相异性体现为在地理空间和时间空间中，由于度量单位的不同，城市间距离的远近不尽相同，城市分布也具有不同特征和规律。

随着交通系统的不断发展，这种稳定的相似性关系逐渐被打破，并且，随着区域间交通条件发展的不均衡性，虽然从整体上来说绝对的时间距离关系在不断地缩小，但区域间相对时间距离差异却在不断扩大。也就是说，地理空间与时间空间的相异性越来越大。一方面，由于交通条件整体上的发展，时间距离越来越小，时间空间似乎在不断缩小；另一方面，区域交通发展的不均衡性导致区域间时间距离的差异越来越大，也使地理地图与时间地图之间的空间变形程度越来越大。两者间相似性或相异性的大小可以通过地理地图与时间地图之间的空间变形程度进行度量。

2. 中心地理论

中心地理论(central place theory)是研究城市空间组织和布局时,探索最优化城镇体系的一种城市区位理论。该理论最早由德国城市地理学家克里斯塔勒(W. Christaller)在 1933 年出版的《德国南部的中心地》一书中提出。他对德国南部地区乡村聚落的市场中心和服务范围作了实验观察研究,并以抽象演绎的方法得出三角形聚落分布和六边形市场区的区位标准化理论。中心地理论的最大目的在于探索"决定城市的数量、规模及分布的规律是否存在,如果存在,那么又是怎样的规律"这一课题。该理论是揭示空间结构形成与演变规律的基础理论之一,也是城市地理学解释规律、解决问题的重要方法之一(刘洋,2011;王士军 等,2012)。

中心地理论赋予交通因素重要的意义,克里斯塔勒首次提出交通可达性的概念并阐述了交通可达性对中心地发展的影响,认为以公里为单位的距离在经济上并不重要,只有时间距离即所谓的经济距离才是权衡利弊的决定因素。交通系统始终是城镇规模与空间布局的重要影响因素之一,每一次交通系统的演进、可达性的提高都对中心地体系产生重大影响(王士军 等,2012)。从当前交通系统的演进趋势来看,高速高效的交通运输系统缩短了中心地之间的时空距离,扩大了高等级中心地的直接腹地范围,拓展了中心地的功能与影响力的扩散域。同时,区域交通设施发展的不平衡性导致区域可达性的空间极化,进而形成中心地空间结构中心极化的演变趋势(王永超 等,2013)。

在现代交通要素的影响下,中心地体系产生空间视图的演变,导致中心地体系重构。这是因为现代交通方式和设施改变了地面的相对均质性,使地面形成各种不同空间可达性的斑块状地域,中心地呈现沿交通道路向外带状延伸的趋势。刘洋(2011)对 1992 年、2000 年和 2009 年三个时间点的沈阳经济区内各地级市和县级市的可达性变革进行研究,探讨了交通要素变革对中心地体系及扩散域形成与演变的影响机制。张莉等(2013)对均质背景和交通背景下的中心地体系进行空间分析,探讨了中心地体系的空间演化及空间重构。

3. 时空收缩

时空收缩(time-space compression)也称时空收敛或时空压缩,被认为是现代空间变化的核心特征,指由于交通技术的不断发展与革新,出行速度提高,各城市间的交通时间距离缩短,城市群中交通联络方便的地区趋向彼此邻近,地理空间出现沿交通联系方向收缩或者收敛的现象。该概念于 1966 年由地理学者 Janelle 在其博士论文中首次提出,并于 1968 年正式发表在《职业地理学家》杂志上。另一位关注时空收缩现象的是新马克思主义地理学者 David Harry,他于 1989 年在其著作《后现代性的条件》中使用"time-space compression",认为时空收缩的结果,一方面是人们生活节奏的加快,空间距离障碍的消弭,另一方面是加速全球各地区政治、经济和文化等方面的交流,进而造就了现在的全球化。时空压缩使强势资本夹带的全球文化冲击着各地区的特色文化,各地区不再局限于本地区的自我发展(刘贤腾 等,2014)。

时空收缩现象改变人对空间和距离的感知,感知的变化刷新人的观念,观念的变化带来活动模式的调整,活动模式的调整将潜在地重塑城市与区域的发展格局。因此,如何展示由距离阻抗变小引起的时空关系变化,并度量时空收缩强度和方向一直是地理研究者关注的问题。时空收缩是一种动态变化现象,可通过定量指标进行定量测度。

1)时空收缩速率

Janelle(1968)使用时空收缩速率表示出行时间缩短在时间序列上的变化速率。其中,V_{TSC} 是时空收缩速率,ΔTT 是两地行程时间之差,ΔT 为时间跨度,TT_A、TT_B 分别表示时间点为 T_A、T_B 时的交通时间,即

$$V_{TSC} = \frac{\Delta TT}{\Delta T} \tag{5.1}$$

$$\Delta TT = TT_A - TT_B \tag{5.2}$$

$$\Delta T = T_A - T_B \tag{5.3}$$

但是,Janelle 提出的时空收缩速率的局限在于它以稳定的速率变化。实际上,时间距离并非是匀速变化的,它随着新的交通技术的变化而变化,可能是骤变的。刘贤腾等(2014)利用这一概念描述与测量沪宁交通走廊的时空收缩速率,分析时空收缩的特征。

2)可达时间变率

可达时间变率 Δ 计算从中心点到某地的旅行时间在时间点 T_A 和 T_B 的变化率,即

$$\Delta = \frac{|TT_B - TT_A|}{TT_A} \tag{5.4}$$

蒋海兵等(2010)计算开通高铁前后中心城市至研究区的通行可达时间的变化率,并在地图中展示出数值变化,结果显示高铁沿线城市变化率最高,其次为距离中心城市较远的区域,而中心城市附近的城市变化率最低。高铁开通前,中心城市的可达等时圈基本呈同心圆状,而高铁开通后等时圈沿高铁路线向外推移,呈条带状且分布稀疏,具有跳跃性与不连续性。

5.1.3　交通可达性变化可视化方法及存在问题

交通可达性变化能够反映时空格局的演变规律与趋势,通过对比不同阶段交通可达性变化来描述与表达时空收缩效应,对描述与分析时空收缩现象具有重要意义,一直是地理学者关注的重点。交通可达性变化可视化的一般思路是采用时

间序列静态地图,通过颜色、形状和尺寸等静态视觉变量传递出的质量或数量信息的变化来表达动态变化,主要包括时间序列等时线图和时间序列时间 Cartogram 两种方法。

1. 时间序列等时线图

利用时间序列等时线图,通过等时圈的变化反映以某点为中心的可达性变化,以此获得时空收缩效应的影响,是现在诸多研究者主要应用的方法。该方法基于时间距离模型计算节点的可达性水平,利用空间插值获得反映区域整体趋势的可达性可视化图。通过等时线的形状和密度判断时空收缩的方向和强弱,并通过比较可达性数值的变化或等时线形状的演变,分析交通网络建设产生的时空收缩效果。该方法简单,制作便捷,是目前地理学者应用最多的方法。曹小曙等(2003)采用等值线的方法分析了近 20 年广东东莞交通网络的演化,以及由此引起的通达性空间格局的变化。吴威等(2010)以 1986 年、1994 年和 2005 年加权平均旅行时间为指标,对长三角地区近 20 年综合交通网络及其可达性的时空演化特征进行研究;在研究中基于等时线图表达可达性及可达性变化率,并以此分析可达性的时空演变规律,如图 5.2 所示。吴旗韬等(2012)利用等值线的形式加颜色渲染,构造出等时圈,通过对比港珠澳大桥通车前后等时圈的变化,获得时空收缩状况,如图 5.3 所示。蒋海兵等(2010)利用等时线图表达中心城市的交通可达性,比较有无京沪高铁两种情景下京沪地区中心城市可达性空间格局变化,探讨高铁对中心城市可达性的影响。陈卓等(2016)基于等时线图研究北京不同层次和范围等时圈的空间结构特征。

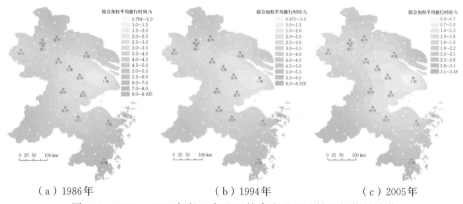

（a）1986 年　　　　　　　（b）1994 年　　　　　　　（c）2005 年

图 5.2　1986—2005 年长三角地区综合交通可达性空间格局演化

这里需要特别指出一点,从图 5.2、图 5.3 中不同时间点所对应的图例可以看出,不同时间点的颜色编码不一致,即同一种颜色在不同时间点所代表的数量信息不同。这样在对比变化时,难以通过颜色变化比较数值大小,如果不注意可能引起错误认识。

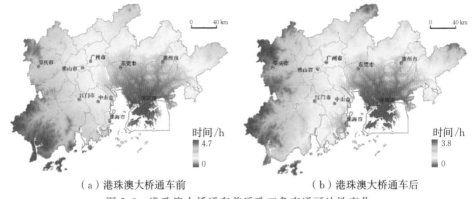

（a）港珠澳大桥通车前   （b）港珠澳大桥通车后
图5.3　港珠澳大桥通车前后珠三角交通可达性变化

2. 时间序列时间 Cartogram

与容易制作的等时线图相比，现在还有少量学者利用时间 Cartogram 展现时空收缩现象。周恺等（2016）认为等时线图局限于展示以某点为中心的时空收缩趋势，无法完整展现区域多节点时空收缩的整体格局，因此通过时间—空间图的可视化形式分析区域时空收缩现象，并以京津冀城市群为对象，研究随路网建设产生的时空收缩现象。汤晋（2016）从时空角度出发，将时间距离作为距离的有效度量，借鉴时间 Cartogram 的表达方式，利用陆军等（2013）提出的构建时空地图的方法，绘制不同城市在不同阶段的时空地图，并对时空地图演化进行描述与分析，展现了长三角地区以上海为中心的时空收缩变迁规律，如图5.4所示。

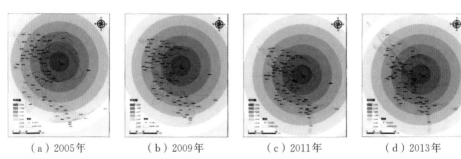

（a）2005年　　　　（b）2009年　　　　（c）2011年　　　　（d）2013年
图5.4　以上海为中心的时间 Cartogram 变化

3. 存在问题

虽然部分学者对于交通可达性变化的可视化方法进行了积极探索，但从现阶段的应用来看，仍存在以下问题：

（1）现阶段关于交通可达性变化的可视化研究多数是基于时间序列等时线图，通过颜色明暗度或纹理的变化来表现可达性量化信息的变化。在2.3节和3.1节中已经详细探讨了时间序列等时线图在数据表达特征、表达方法和表达效果等方面存在的某些问题，以及时间 Cartogram 相对于等时线图在表达时间距离及等时圈方面的优势,这里不再赘述。时间 Cartogram 直接通过尺寸变化表示量化信息的变化,不需要反复对照图例进行颜色解译的过程。同时也能避免制图过程中由于疏忽而导致同一种颜色在不同时间点所代表的数量信息不一致的问题。

(2)虽然有少量学者应用时间 Cartogram 展现时空圈的变化,从时间距离的角度探索交通可达性空间格局变化的规律,但是并没有考虑在同一时间尺度下对时间空间变化进行对比与分析。

因此,针对以上问题,本章基于时间序列时间 Cartogram 探索交通可达性演变模式,并从多个角度综合展开研究。

5.2　研究思路

在第 3 章实现时间 Cartogram 构建的基础上,进一步将时间 Cartogram 应用于交通可达性变化的可视化与分析中,通过多视角研究与探索,综合展现与深入挖掘交通条件发展对可达性时空格局演变模式的影响。

多视角主要包括三个角度:

(1)某一时间点下时间空间与地理空间的"横向"比较。以此获得该时间点时间距离的空间分布特点,这部分的关键方法与技术见第 3 章。

(2)某一时间点下时间空间与地理空间的"横向"比较的时间序列变化。通过多个"横向"比较的对比与分析,获知可达性空间分布的变化。通过相关的定量指标和空间变形的度量的变化,进一步分析不同区域可达性变化模式的变化规律,分析时间空间与地理空间随着交通条件发展产生的相异性变化规律。

(3)时间空间的"纵向"时间序列变化。将时间空间置于同一时间尺度下进行对比与分析,通过对时间空间"纵向"变化的可视化有效展示时空收缩效应。

5.3　基于时间 Cartogram 探索交通可达性时空格局演变规律

本节基于 5.2 节中某一时间点下时间空间与地理空间的"横向"比较和"横向"比较的时间序列变化两个视角展开研究。通过对时间 Cartogram 的可视化结果进行分析,进一步探测现象,最后对数据进行分析以验证可视化结果。

5.3.1　数据来源和数据处理

1. 研究区域和数据

北京作为全国交通枢纽中心,具有虹吸效应,而高速铁路和互联网加速了资本信息和人才的流动循环,这种变化对时空的影响是不均衡的。尤其是高速铁路的不断发展,扩大了北京的交通辐射范围,加强了北京与其他城市间的联系。为了分析北京至各个城市交通可达性的空间格局变化,以全国 226 个城市(这些城市 1996—2016 年都具有铁路信息)为研究单元,并作为控制点,如图 5.5 所示,分别以 1996 年、2003 年、2009 年和 2016 年北京至各个城市的最短铁路旅行时间为研究对象。时间数据来自铁路部门发布的权威数据。其中,2016 年时间数据依据中国铁路 12306 网站数据进行统计,1996 年、2003 年和 2009 年时间数据则依据中国铁道出版社当年出版的《全国铁路旅客列车时刻表》手工统计。由于西部地区很多城市 1996—2016 年的铁路旅行时间信息缺少或不完整,因此补充了一些市县点,但控制点整体仍较稀疏。最短铁路旅行时间的统计原则与 3.6 节一致。

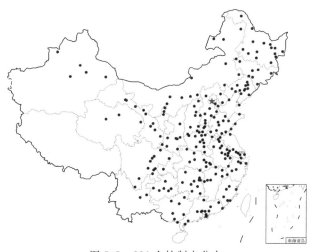

图 5.5　226 个控制点分布

2. 历年时间距离数据的空间转换

时间距离的空间转换过程见 3.3 节。根据式(3.3)和式(3.4)分别计算出 1996 年、2003 年、2009 年和 2016 年 226 个控制点转换后的新坐标,同时计算出历年所有控制点对应的时空变化参数 r_i。

3. 交通可达性变化的评价指标

为了分析 1996—2016 年交通发展对时空格局演变带来的影响,将最短铁路旅行时间和时空变化参数作为研究指标。

1)最短铁路旅行时间

最短铁路旅行时间(简称"旅行时间")为绝对数值指标,可直接通过比较反映交通可达性变化。需要指出的一点是,虽然本书将北京至某个城市的旅行时间作为衡量该城市交通可达性的指标,但从严格意义上来说,不符合通常意义上某城市的交通可达性的定义。但本书认为旅行时间作为交通可达性评价的指标是有效的(虽然不够全面),主要基于以下几方面考虑:

(1)虽然只统计北京至某城市的单向旅行时间,但一般情况下列车并不是单向的,因此该旅行时间可作为该城市与北京的最短通行时间。

(2)在实际对照列车时刻表统计旅行时间的过程中,北京到某一城市有多种路线,综合比较各种可能路线后选择时间最短的路线,这本身也考虑了该城市与周围城市的时间距离关系。而且北京作为全国的交通中心,某城市与北京的旅行时间在一定程度上能够反映该城市的交通可达性。

(3)表 3.1 中基于旅行时间的结果排名与该城市交通发展水平基本一致,也说明了该时间数据的有效性。

2)时空变化参数 r_i

3.3.2 小节引入了时空变化参数的定义,并阐述了不同 r_i 所代表的意义。为了研究 r_i 的变化特征,将进一步探讨 r_i 的意义。将式(3.3)代入式(3.5),可得

$$r_i = \frac{d_i}{s_i} = \frac{t_i S}{s_i T} \tag{5.5}$$

时空变化参数 r_i 是比率数据,为相对数值指标,其大小实际上反映了该控制点(城市)在某一时间点相对于全国所有控制点的交通优势或者潜力,因此其变化可以表达出该城市相对于全国整体城市的交通可达性变化的优势。

定义 $\overline{V}$ 和 v_i 分别为在某一时间点北京至所有城市的平均速度(可认为是全国平均速度)和北京至某一城市的速度,这里的速度并非实际的铁路运行速度,而是基于欧氏距离计算获得的理论速度,即

$$\overline{V} = \frac{S}{T}, \quad v_i = \frac{s_i}{t_i} \tag{5.6}$$

将式(5.6)代入式(5.5),可得 r_i 与速度之间的关系为

$$r_i = \frac{d_i}{s_i} = \frac{\overline{V}}{v_i}, \quad \frac{1}{r_i} = \frac{v_i}{\overline{V}} \tag{5.7}$$

这样,r_i 不但可以直接在图上表示在某一时间点该控制点的扩张或收缩程度,而且从地理学的角度出发,也表示该点速度与全国平均速度的对比情况。由于不同年份的全国平均速度是变化的,因此 r_i 的变化仅表示该控制点相对于全国平均水平的交通可达性优势变化。

5.3.2　时间序列时间 Cartogram 可视化与分析

1. 历年边界转换结果可视化与分析

基于 5.3.1 小节中计算所得控制点新坐标和控制点转换前后位置的变化,利用移动最小二乘法(具体方法见 3.4 节)进行时间 Cartogram 转换,同时通过约束条件规避拓扑错误(具体方法见 3.5 节),分别完成 1996 年、2003 年、2009 年和 2016 年的时间 Cartogram 转换,如图 5.6 所示。在每个时间点上,可以进行时间空间与地理空间的"横向"比较,同时也可以对比"横向"比较的时间序列变化。

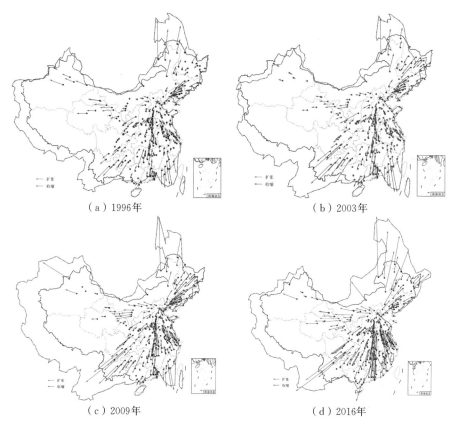

图 5.6　1996 年、2003 年、2009 年和 2016 年的时间 Cartogram 转换结果对比

（本图仅为试验数据，不作为版图展示）

　　对比转换前后的边界，从整体上来说，1996—2009 年边界的变化表现为沿东北—西南向持续向外拉伸，而 2016 年拉伸程度有所回落。1996 年只有西部边界、东北部分边界和南部沿海地区的福建向外延伸，说明 1996 年这些地区相对于全国整体交通状况明显滞后。这种情况在 2003 年和 2009 年并没有改善，反而差距越来越大。2016 年东南沿海地区尤其是福建变化最大，由向外拉伸变为向内急剧收缩；西部地区相对于全国整体交通状况的差异减小，但东北地区的差异增加。

　　2. 历年时空变化参数可视化与分析

　　将历年 226 个控制点对应的 r_i 进行地图可视化表达，结果如图 5.7 所示。其中，红色点表示该点向外扩张且速度低于全国平均水平，蓝色点表示该点向内收缩且速度高于全国平均水平，且颜色越深，程度越大。

　　（1）从整体上来看，控制点的分布变化模式为：蓝色点大多位于铁路沿线，包括京哈、京广和京沪铁路沿线；红色点大多位于新疆、内蒙古及西南地区；控制点的分布模式整体变化不大，但某些局部地区如东北地区、贵州和福建变化较大。

（2）从控制点的颜色差异来说，1996—2016 年红色点和蓝色点的深浅度差异逐步变大，其中京沪和京广铁路沿线城市控制点的蓝色越来越深，说明京沪和京广铁路沿线的交通优势在这 20 年间不断扩大，尤其 2009—2016 年变化最大，明显是由于高速铁路的开通。

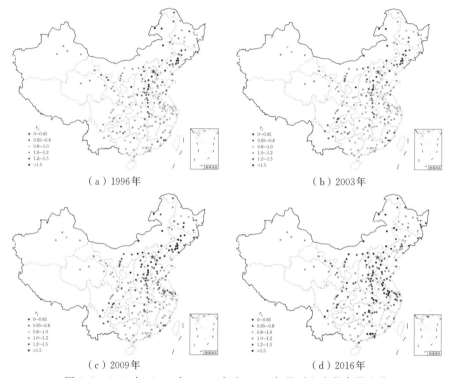

图 5.7　1996 年、2003 年、2009 年和 2016 年的时空变化参数变化

（3）东北部分地区 1996—2009 年蓝色点比例增加，且呈蓝色加深的趋势，但 2016 年部分控制点颜色由蓝变红。这说明 1996—2009 年东北地区交通状况在全国居于优势地位，2016 年优势地位下降；福建和贵州周边地区 1996—2009 年交通状况相对于全国处于劣势地位，2016 年明显开始处于优势地位；而四川的交通状况一直在全国处于劣势，且与全国平均水平相比差距还在进一步扩大。对于变化较大局部地区数据的呈现和分析，将在 5.3.3 小节中详细探讨。

5.3.3　交通可达性变化模式分析

1. 以北京为中心的等时圈变化

等时圈集成时间与空间两个维度，指从中心地出发在一定时间内能够到达的空间范围，是交通基础设施对城市与区域发展的引导、支撑与保障能力的直观反映（伍笛笛 等，2014）。表 5.1 统计了历年以北京为中心的 3 小时交通圈内的城市。

可以看出,1996—2009 年 3 小时交通圈逐步扩大,尤其 2009 年后,随着高速铁路开通,3 小时交通圈的空间范围急剧扩大,从天津和河北范围内延伸至山西、山东、河南范围内。

表 5.1   1996—2016 年北京 3 小时交通圈变化

年份	1996 年	2003 年	2009 年	2016 年
城市数量	4 个	8 个	10 个	25 个
城市名称	天津,廊坊,保定,沧州	天津,廊坊,保定,沧州,唐山,秦皇岛,石家庄,张家口	天津,廊坊,保定,沧州,唐山,秦皇岛,石家庄,邢台,锦州,德州	天津,唐山,秦皇岛,张家口,廊坊,石家庄,邯郸,邢台,保定,沧州,衡水,太原,阳泉,徐州,济南,淄博,枣庄,泰安,德州,郑州,开封,安阳,鹤壁,新乡,焦作

2. 历年旅行时间的统计分析

本节对历年旅行时间进行统计分析,结果如表 5.2 所示,并且给出历年旅行时间箱形图,如图 5.8 所示。旅行时间的均值和标准差结果显示,随着交通技术的不断发展,旅行时间呈现不断减小的趋势,并且不同城市间的旅行时间差异也在不断减小,这一点在箱形图中也得到验证。从时间角度来说,交通可达性正朝着更均衡的方向演变。

表 5.2   历年旅行时间统计分析结果   单位:min

年份	1996 年	2003 年	2009 年	2016 年
均 值	1 386.35	1 043.78	837.77	507.37
中 值	1 302.00	939.00	727.50	430.00
标准差	816.11	599.01	536.86	320.10
最大值	4 420	3 120	3 545	1 729
最小值	68	48	30	21
25% 分位数	719.50	556.25	419.50	276.50
75% 分位数	2 010.25	1 438.00	1 165.25	689.25

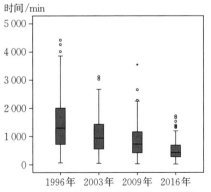

图 5.8   不同年份的旅行时间箱形图

3. 历年时空变化参数的统计分析

同样对历年时空变化参数 r_i 进行统计分析,结果如表 5.3 所示,箱形图如图 5.9 所示。结果显示,r_i 均值变化不大,但中值呈小幅减小趋势,标准差不断增加,说明虽然得益于交通工具与交通技术的不断发展,旅行时间不断减小,但是不同城市的交通发展速度却存在差异,并且这种差异在不断加大。

表 5.3　历年时空变化参数的统计分析结果

年份	1996 年	2003 年	2009 年	2016 年
均　值	0.975	0.968	0.935	0.953
中　值	0.966	0.948	0.890	0.845
标准差	0.197	0.210	0.291	0.411
最大值	1.867	1.741	2.233	3.137
最小值	0.604	0.566	0.326	0.495
25% 分位数	0.840	0.840	0.739	0.657
75% 分位数	1.095	1.075	1.107	1.104

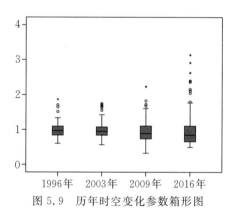

图 5.9　历年时空变化参数箱形图

4. 局部区域交通可达性变化模式可视化与分析

1)东北三省

表 5.4 为历年东北三省主要城市的旅行时间和 r_i,图 5.10 为该地区主要城市 r_i 的地图可视化结果。从数值结果上来看,东北地区交通发展水平主要分为两个阶段。

(1)迅速发展阶段:1996—2009 年,旅行时间不断缩短,大部分城市 r_i 小于 1,且不断减小,说明该时期整个东北地区城市的交通发展水平高于全国平均水平,并且交通发展速度高于全国平均速度。

(2)优势滑落阶段:2009—2016 年,旅行时间整体上变化不大,但 r_i 明显呈现增加趋势,甚至部分城市的 r_i 大于 1,说明该时期不但东北地区的交通发展速度明显低于全国平均速度,交通优势不断减弱,而且部分城市交通发展水平甚至开始低于全国平均水平。

表 5.4　历年东北三省主要城市旅行时间和 r_i

城市名称	旅行时间/min				r_i			
	1996 年	2003 年	2009 年	2016 年	1996 年	2003 年	2009 年	2016 年
沈阳	567	408	239	238	0.609	0.571	0.408	0.657
大连	879	577	414	302	1.292	1.105	0.967	1.141
鞍山	619	472	304	282	0.721	0.716	0.562	0.844
抚顺	631	483	296	271	0.633	0.631	0.472	0.699
本溪	655	478	297	323	0.681	0.648	0.491	0.864
锦州	426	315	170	194	0.679	0.654	0.431	0.796
营口	673	477	308	245	0.892	0.824	0.649	0.836
阜新	552	487	279	301	0.761	0.875	0.611	1.067
盘锦	506	381	191	244	0.681	0.668	0.408	0.844
铁岭	630	452	268	256	0.628	0.587	0.425	0.657
朝阳	577	460	309	327	1.026	1.066	0.873	1.495
丹东	829	634	395	400	0.809	0.806	0.613	1.004
长春	802	603	363	350	0.641	0.628	0.461	0.719
吉林	919	726	458	426	0.657	0.676	0.520	0.783
四平	757	533	321	330	0.685	0.629	0.462	0.768
辽源	872	624	418	413	0.736	0.686	0.561	0.897
白城	1 198	856	674	613	1.087	1.012	0.972	1.430
延吉	1 394	1 109	833	475	0.809	0.838	0.768	0.709
通化	1 154	885	587	591	0.928	0.928	0.751	1.223
哈尔滨	1 368	749	484	426	0.906	0.646	0.509	0.725
鸡西	1 965	1 317	1 042	891	0.989	0.863	0.833	1.153
鹤岗	1 965	1 265	1 092	827	0.975	0.817	0.861	1.055
双鸭山	2 046	1 311	911	913	0.985	0.822	0.697	1.130
伊春	2 283	1 208	991	786	1.209	0.833	0.834	1.070
佳木斯	1 849	1 198	822	760	0.927	0.782	0.655	0.980
七台河	2 070	1 382	1121	995	1.034	0.899	0.890	1.278
牡丹江	1 718	1 131	769	690	0.958	0.821	0.681	0.989
绥化	1 469	835	566	511	0.914	0.677	0.560	0.818
齐齐哈尔	1 618	1021	635	572	1.192	0.980	0.743	1.084
大庆	1 497	847	566	527	1.071	0.789	0.644	0.970
黑河	2 163	1 432	1 062	1 031	1.114	0.961	0.870	1.366
塔河	2 489	1 686	1 574	1 081	1.301	1.148	1.307	1.453
北安	1 686	1 046	866	689	1.005	0.813	0.821	1.056

2)福建

表 5.5 为历年福建主要城市的旅行时间和 r_i，福建的城市交通发展水平可分

为三个阶段。

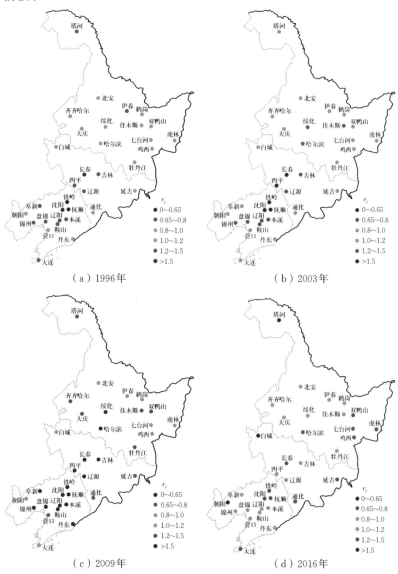

图 5.10　历年东北三省主要城市的 r_i 变化

（1）落后阶段：1996—2003 年，旅行时间减小，r_i 增加，且都大于 1，说明此阶段福建的交通发展水平低于全国平均水平，交通发展速度也低于全国平均速度。

（2）小幅攀升阶段：2003—2009 年，旅行时间持续减小，虽然 r_i 仍大于 1，但开始小幅下降，说明此阶段福建的交通发展速度略高于全国平均速度，但整体交通发展水平仍低于全国平均水平。

（3）快速发展阶段：2009—2016 年，2015 年京福高铁全线贯通后，福建的交通发展迅速,旅行时间大大缩短,r_i 急剧缩小,且小于 1,说明高铁开通后各个城市的交通发展速度高于全国平均速度,交通发展水平处于优势地位。

表 5.5   历年福建旅行时间和 r_i

城市名称	旅行时间/min				r_i			
	1996 年	2003 年	2009 年	2016 年	1996 年	2003 年	2009 年	2016 年
福州	2 151	1 686	1 158	468	1.187	1.213	1.016	0.665
厦门	2 456	2 042	1 641	552	1.233	1.336	1.309	0.713
三明	2 017	1 615	1 235	537	1.145	1.195	1.115	0.784
漳州	2 435	2 030	1 582	569	1.230	1.337	1.271	0.739
南平	1 974	1 536	1 074	514	1.151	1.167	0.995	0.771
龙岩	2 342	1 896	1 221	601	1.234	1.301	1.022	0.814

3)四川

表 5.6 为历年四川主要城市的旅行时间和 r_i,相较于其他地区,该地区各个城市的变化趋势较单一。1996—2016 年旅行时间不断减小,r_i 呈现上升趋势,且基本都大于 1,说明交通发展水平低于全国平均水平,并且交通发展速度落后于全国平均速度。

表 5.6   历年四川旅行时间和 r_i

城市名称	旅行时间/min				r_i			
	1996 年	2003 年	2009 年	2016 年	1996 年	2003 年	2009 年	2016 年
成都	1 905	1 601	1 396	846	0.966	1.058	1.126	1.104
自贡	2 186	1 891	1 716	1 157	1.088	1.227	1.358	1.482
德阳	1 843	1 535	1 357	873	0.968	1.051	1.133	1.180
绵阳	1 790	1 484	1 295	889	0.972	1.050	1.117	1.241
内江	2 137	1 835	1 646	766	1.088	1.217	1.332	1.003
乐山	2 040	1 721	1 545	893	0.976	1.072	1.175	1.098
宜宾	2 297	1 966	1 826	1195	1.107	1.234	1.399	1.481
广元	1 573	1 268	1 053	900	0.950	0.998	1.011	1.398
达州	1 693	1 276	1 096	820	1.064	1.045	1.095	1.325
西昌	2 599	2 156	2 032	1 356	1.095	1.183	1.360	1.469
攀枝花	2 760	2 344	2 282	1 538	1.086	1.201	1.427	1.556

4)贵州

与福建的发展模式类似,1996—2003 年贵州的交通发展水平在全国范围内处于劣势,且交通发展速度低于全国平均速度;2003—2009 年交通发展速度虽有小幅攀升,但是依然处于劣势;2009—2016 年得益于 2015 年长沙—贵阳段高速铁路的开通,贵州交通发展迅速,交通发展水平开始处于优势地位。历年贵州旅行时间和 r_i 如表 5.7 所示。

表 5.7　历年贵州旅行时间和 r_i

城市名称	旅行时间/min				r_i			
	1996 年	2003 年	2009 年	2016 年	1996 年	2003 年	2009 年	2016 年
贵阳	2 331	1 814	1 463	524	1.105	1.120	1.102	0.639
凯里	2 115	1 621	1 306	594	1.048	1.047	1.029	0.757
都匀	2 532	2 163	1 646	569	1.215	1.352	1.255	0.702
遵义	2 390	2 080	1 631	710	1.208	1.370	1.310	0.923
安顺	2 428	1 920	1 545	594	1.102	1.135	1.114	0.693
六盘水	2 593	2 082	1 694	723	1.149	1.202	1.193	0.824

5.3.4　历年时间 Cartogram 的空间变形度量

结合时间 Cartogram 变形的特点,本节采用两种方法对历年空间变形进行度量:一种是比较空间变形系数,如表 5.8 所示;另一种是利用格网可视化表达区域向内收缩或者向外扩张的程度,如图 5.11 所示。

表 5.8　历年空间变形系数对比

年份	1996 年	2003 年	2009 年	2016 年
变形系数	0.031	0.038	0.072	0.117

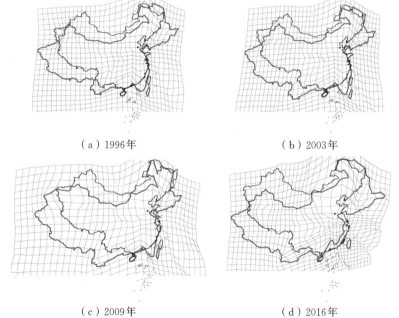

（a）1996年　　　　　　　　　　（b）2003年

（c）2009年　　　　　　　　　　（d）2016年

图 5.11　历年空间变形格网可视化

（本图仅为试验数据,不作为版图展示）

5.4 基于时间 Cartogram 的时空收缩效应可视化

本节基于时间空间的"纵向"时间序列变化视角展开研究。通过速度变化及同一时间尺度下时间空间变化的可视化有效地揭示时空收缩现象。

5.4.1 同一时间尺度的转换方法

在同一时间尺度下可视化表达不同年份的时间空间,可描述交通条件发展所带来的时间空间变化规律。首先需要对时间数据进行处理,处理的关键在于选择一个基本的数据参照基准,然后对其他年份的时间数据进行标准化处理。考虑到交通条件发展对于时间空间变化的影响,本节将最早年份 1996 年的时间数据作为参照基准,分别对 2003 年、2009 年和 2016 年的时间数据进行转换。1996 年控制点转换后新坐标的计算过程与 5.3.1 小节相同。下面以 2003 年时间数据的转换过程为例阐述具体计算过程。根据每一个控制点 2003 年所对应的旅行时间 t_i^{2003} 计算出该控制点对应的转换后的距离 d_i^{2003}。因为在同一时间尺度,可得

$$\frac{D^{1996}}{T^{1996}} = \frac{D^{2003}}{T^{2003}} \tag{5.8}$$

$$d_i^{2003} = \frac{t_i^{2003} D^{2003}}{T^{2003}} = \frac{t_i^{2003} D^{1996}}{T^{1996}} \tag{5.9}$$

则 2003 年控制点转换后新坐标为

$$\left. \begin{array}{l} X_i^{2003} = x_o + (x_i - x_o) d_i^{2003}/s_i \\ Y_i^{2003} = y_o + (y_i - y_o) d_i^{2003}/s_i \end{array} \right\} \tag{5.10}$$

将同样的过程应用于 2009 年和 2016 年的时间数据,可分别得到 2009 年和 2016 年 226 个控制点所对应的转换后的新坐标

$$\left. \begin{array}{l} X_i^{2009} = x_o + (x_i - x_o) d_i^{2009}/s_i \\ Y_i^{2009} = y_o + (y_i - y_o) d_i^{2009}/s_i \end{array} \right\} \tag{5.11}$$

$$\left. \begin{array}{l} X_i^{2016} = x_o + (x_i - x_o) d_i^{2016}/s_i \\ Y_i^{2016} = y_o + (y_i - y_o) d_i^{2016}/s_i \end{array} \right\} \tag{5.12}$$

5.4.2 时间空间格局的变化趋势

根据 5.4.1 小节对同一时间尺度下时间数据的处理,获得控制点的新坐标,利用 3.3 节中移动最小二乘法进行同一时间尺度下的时间 Cartogram 转换,并利用 3.4 节中约束条件规避拓扑错误,完成同一时间尺度下 1996 年、2003 年、2009 年和 2016 年的时间 Cartogram 结果。将历年的时间 Cartogram 进行叠加分析,如图 5.12 所示,结果显示边界不断缩小,时间空间呈持续收缩趋势。其中,时间空间

收缩程度较大的是 1996—2003 年和 2009—2016 年,这两个阶段同时也是交通迅速发展时期。

图 5.12 历年同一时间尺度下的时间 Cartogram 叠加分析
(本图仅为试验数据,不作为版图展示)

将历年时间 Cartogram 分别加格网显示,如图 5.13 所示。整体上来看,交通技术不断升级使平均运行速度越来越快,北京至各个城市的时间距离不断被压缩,时间空间不断缩小。尤其是 1996—2016 年,北京至我国南部地区的时间距离大大缩短,特别是东南沿海地区 2009—2016 年变化显著。北京至东北地区的时间距离 1996—2003 年大大缩短,2003—2016 年收缩幅度较小。而北京至西部地区的时间距离也在稳步收缩,但由于该地区的控制点数量较少,在时间 Cartogram 转换过程中时间数据更多地取决于平均时间数据。因此,该地区实际值在图上表达的准确度不足。

5.4.3 时空速度变化

表 5.9 是历年北京至所有城市的平均速度变化表,以 1996 年的速度为参考值 100。可以看出,1996—2003 年速度增长率为 32.8%,2003—2009 年速度增长率为 24.6%,2009—2016 年速度增长率为 65.1%。很明显,2009—2016 年由于高速

铁路出现,平均速度迅速增加。

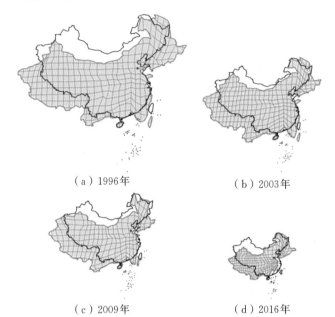

(a) 1996年　　　　　　　　　　(b) 2003年

(c) 2009年　　　　　　　　　　(d) 2016年

图 5.13　历年时间 Cartogram 叠加格网的时间空间收缩变化

(本图仅为试验数据,不作为版图展示)

表 5.9　历年平均速度变化

年份	1996 年	2003 年	2009 年	2016 年
平均速度	100	132.82	165.48	273.24
速度增长率	—	32.8%	24.6%	65.1%

第6章 基于 QGIS 的 Cartogram 扩展插件原型的实现

本章根据前文的算法和方法,以开源地理信息系统 QGIS 为基础,研发了 Cartogram 扩展(Extension)的插件原型。该插件包含三项功能,分别为中心型时间 Cartogram 自动生成、面向双(多)变量的连续面 Cartogram 自动生成和 Cartogram 的动态可视化,其中 Cartogram 的动态可视化主要是指面向时空数据的中心型时间 Cartogram 显示。该插件的开发和实现可以进一步展示本书的研究成果。由于 QGIS 是一个开源平台,该插件的开发也有助于本书的研究成果得到更好的应用和在更大范围内得到检验。

6.1 概　述

目前在开源地理信息系统 QGIS 和商用软件 ArcGIS 上已有 Cartogram 自动生成的插件,但是仅限于连续面 Cartogram 的自动生成。QGIS 的 Cartogram 插件相对简单,用户选择图层和属性,插件根据该条件生成连续面 Cartogram。商用软件 ArcGIS 的 Cartogram 插件略为复杂,但也仅能生成连续面 Cartogram。已有的 Cartogram 插件往往是把连续面 Cartogram 等同于 Cartogram,缺少其他 Cartogram 的生成功能,因此插件原型的研发是对现有插件的有益补充和完善。

整个插件从设计上本着开发和共享的精神,以及最大程度地考虑跨平台特性,选择开源地理信息系统 QGIS 作为平台,成果以轻量级的插件形式整合到 QGIS 平台中,开发语言为 C/C++,编程环境为 VS2010 平台。QGIS 平台已经开发了连续面 Cartogram 的插件,名为 Cartogram (https://plugins.qgis.org/plugins/cartogram/),因此试验原型插件命名为 Cartogram Extension,即 Cartogram 扩展插件。

6.2 Cartogram 扩展插件原型的设计

6.2.1 总体设计

该插件设计上由两部分组成,一部分是 Cartogram 核心算法库,负责 Cartogram 的核心算法,用 C 语言编写;另一部分是 Cartogram 扩展插件适配器,负责与 QGIS 框架通信和界面设计,用 C++ 和 QT 框架编写。整个插件的核心功能主要由三部分组成:中心型时间 Cartogram 自动生成、面向双(多)变量的连续面 Cartogram 自动生成、面向时空数据的中心型时间 Cartogram 显示。图 6.1 为插件的整体设计。

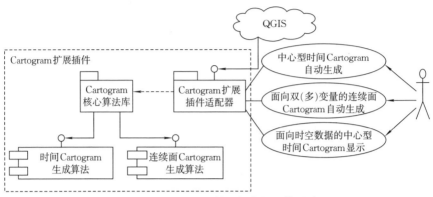

图 6.1　Cartogram 扩展插件的整体设计

6.2.2　主要函数接口设计

为了最大程度跨平台,依据上述三项核心功能,设计相关的 C 语言函数接口。Cartogram 核心算法库主要负责算法本身的相关接口,Cartogram 扩展插件适配器负责与 GIS 平台相关的函数接口。表 6.1 简略列出主要函数接口的功能说明,函数接口及其详细使用方法见附录。

表 6.1　主要函数接口说明

功能	函数原型	函数说明	隶属模块
公共基础函数	bool **SetBaseDir**(const char* strBaseDir)	设置插件启动时的默认基础目录	Cartogram 核心算法库
中心型时间 Cartogram 自动生成	bool **LoadCentralTimeCartogramCtrlData** (const char* szFileName)	导入生成中心型时间 Cartogram 的控制点数据	Cartogram 核心算法库
	bool **CreateTimeCartogramGrids** (int XNum, int YNum, double Xleft = 0, double XRight=0, double YBottom=0, double YTop=0)	自动生成格网数据	
	bool **TransferTimeCartogramBoundary** (const char* szSourceFile, int IterativeTimes, const char* szDestFolder=0)	生成中心型时间 Cartogram 的地图边界数据	
	bool **TransferTimeCartogramGrid** (const char* szDestFile)	生成中心型时间 Cartogram 的格网数据	
	bool **LoadAndDisplayTravelTimeCartogramLayer** (const char* szFile)	加载并显示中心型时间 Cartogram 结果文件	Cartogram 扩展插件适配器

续表

功能	函数原型	函数说明	隶属模块
面向双(多)变量的连续面 Cartogram 自动生成	bool **LoadAreaCartogramData**(const char* szFolder=0)	导入面 Cartogram 初始数据	Cartogram 核心算法库
	bool **SetAreaCartogramDataFolder** (const char* szFolder)	设置面 Cartogram 数据初始路径	
	bool **CreateAreaCartogramGrids**()	自动生成面 Cartogram 格网数据	
	bool **InterpByAreaCartogramGrids** (const char* szDestFile,const char* szOutputFile =0)	将文件中的原始地理坐标经过内插计算转换成该格网下的新坐标	
	bool **LoadAndDisplayAreaCartogram** (const char* szFile)	加载并显示连续面 Cartogram 结果文件	Cartogram 扩展插件适配器
	bool **LoadAndDisplayWithExtSymbol** (const char* szFile,int iType=0,int* fieldArray= 0, int arraySize=0)	加载并显示连续面 Cartogram 结果文件,并用扩展符号来表示	
面向时空数据的中心型时间 Cartogram 显示	bool **LoadTravelTimeCartogramTimeSnaps** (const char** szFiles,int count)	装载不同时间片断的中心型时间 Cartogram 数据	Cartogram 扩展插件适配器
	bool **StartTravelTimeCartogramAnimation**() bool **StopTravelTimeCartogramAnimation**() int **GetTravelTimeCartogramAnimationLength**() bool **SetTravelTimeCartogramAnimationTime** (int iTime)	中心型时间 Cartogram 动画控制函数	
	bool **DisplayTravelTimeCartogramMultiMaps** ()	显示中心型时间 Cartogram 小幅序列图	
	bool **DisplayTravelTimeCartogramOverlayMaps** ()	显示中心型时间 Cartogram 透明叠加图	

　　图 6.2、图 6.3 和图 6.4 分别为利用 QGIS 平台、Cartogram 扩展插件适配器和 Cartogram 核心算法库,联合运用上述主要函数接口,实现相应功能项的函数调用时序图。

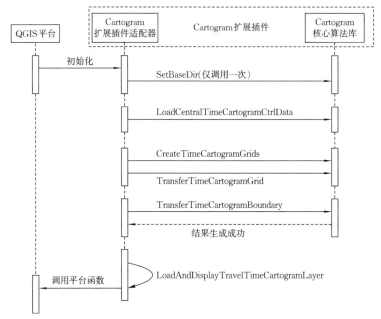

图 6.2   中心型时间 Cartogram 自动生成函数调用时序

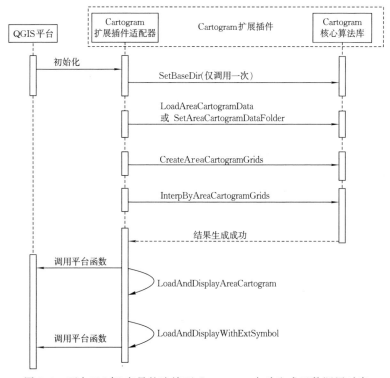

图 6.3   面向双(多)变量的连续面 Cartogram 自动生成函数调用时序

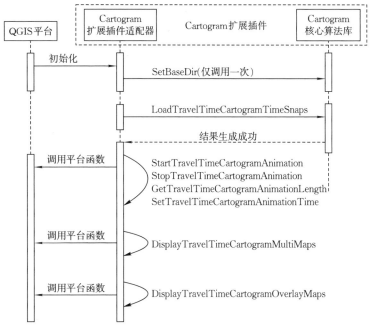

图 6.4　面向时空数据的中心型时间 Cartogram 显示函数调用时序

6.3　系统功能演示

正常运行 Cartogram 扩展插件需要启动 QGIS，并且在 QGIS 插件模块管理中安装和启动 Cartogram 扩展插件。当 Cartogram 扩展插件正常启动后，矢量菜单栏下会添加 Cartogram 扩展菜单栏，分别对应中心型时间 Cartogram 自动生成、面向双（多）变量的连续面 Cartogram 自动生成及面向时空数据的中心型时间 Cartogram 显示三项功能，如图 6.5 所示。

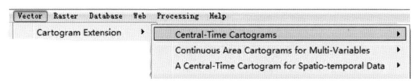

图 6.5　Cartogram 扩展插件菜单栏

6.3.1　中心型时间 Cartogram 自动生成

中心型时间 Cartogram 自动生成有三个菜单项，分别是导入数据（Loading Data）、创建时间 Cartogram（Creating …）及创建参考格网（Creating Reference Grids），如图 6.6 所示。

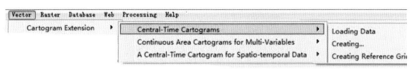

图 6.6　中心型时间 Cartogram 的菜单项

生成中心型时间 Cartogram，需要导入控制点文件、原始数据及格网数据。因此生成中心型时间 Cartogram 的第一步是导入数据，单击"Cartogram Extension"→"Central-Time Cartograms"→"Loading Data"，弹出"Loading Data"对话框，如图 6.7 所示。

用户可以选择控制文件、准备变换的数据文件和自动生成的格网文件，如果选择导入默认数据（Loading Default Data），则对话框下面的选项会自动变灰，并导入默认数据，包含政区边界和格网数据。

单击"Creating…"时，插件提示设置迭代的次数及存放结果文件的目录参数，如图 6.8 所示。

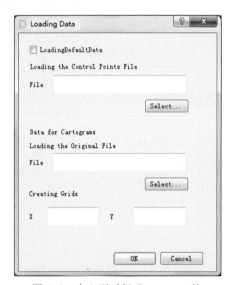

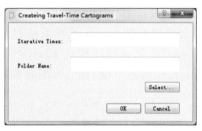

图 6.7　中心型时间 Cartogram 的　　　　　图 6.8　中心型时间 Cartogram
　　　　"Loading Data"对话框　　　　　　　　　　　参数设置对话框

当单击"Creating Reference Grids"时，插件根据已有的格网数据变形生成新的参考格网数据。

6.3.2　面向双（多）变量的连续面 Cartogram 自动生成

面向双（多）变量的连续面 Cartogram 自动生成有四个菜单项，分别是导入数据（Loading Data）、生成参考格网（Creating Reference Grids）、数据内插（Interpolating…）及符号生成（Symbolizing…），如图 6.9 所示。

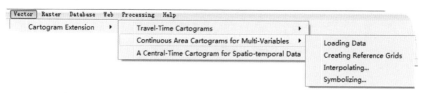

图 6.9　面向双（多）变量的连续面 Cartogram 自动生成菜单项

如 4.3.3 小节算例所示，需要按照格网统计的数据来支撑连续面 Cartogram 的自动生成，单击"Cartogram Extension"→"Continuous Area Cartograms for Multi-Variables"→"Loading Data"，弹出"Loading Data"对话框，如图 6.10 所示。

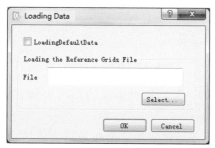

图 6.10　面向双（多）变量的连续面 Cartogram 自动生成的"Loading Data"对话框

同样地，用户也可以选择导入默认数据（Loading Default Data）。当选择导入默认数据，对话框下面的选项会自动变灰，并导入默认数据，包含奥格斯堡边界和平方公里格网数据，如图 6.11 所示。

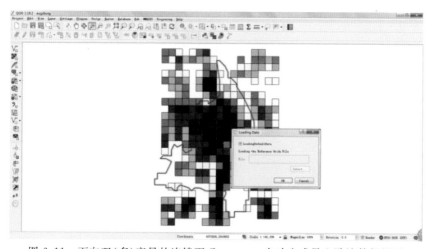

图 6.11　面向双（多）变量的连续面 Cartogram 自动生成导入默认数据界面

当单击"Creating Reference Grids"时，系统根据导入的数据生成变形后的格网数据,如图 6.12 所示。

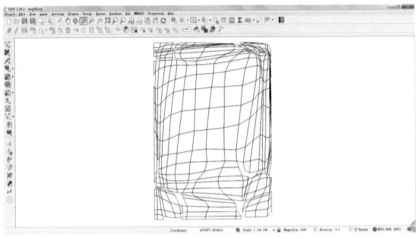

图 6.12 格网变形后结果

当单击"Interpolating…"时,选择需要内插的数据文件,如边界线、关注点数据等,如图 6.13 所示。

插值计算后,如果还有其他变量需要在地图上表达,则单击"Symbolizing…"菜单对其他变量进行符号化表达,如图 6.14 所示。

图 6.13 选择内插数据文件
设置对话框　　　　　图 6.14 双(多)变量符号化
　　　　　　　　　　　　　　设置对话框

最终的结果如图 6.15 所示。

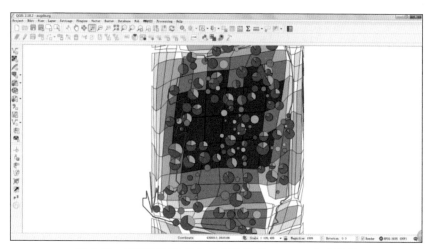

图 6.15　面向双(多)变量的连续面 Cartogram 生成效果

6.3.3　面向时空数据的中心型时间 Cartogram 显示

面向时空数据的中心型时间 Cartogram 显示通过三种方式展现不同年份的时间距离的变化:①通过动画技术展示不同年份的时间距离的变换;②通过小幅序列图的方式,将不同时间片断的中心型时间 Cartogram 展示在同一个窗口中,供用户相互比较;③通过透明叠加的方式将不同时间片断的中心型时间 Cartogram 叠加起来展示在同一个窗口中。

第7章 总结与展望

7.1 总 结

本书围绕 Cartogram 的发展脉络、基本理论、构建方法和具体应用四个方面展开研究工作,分别针对时间 Cartogram 和连续面 Cartogram 的自动构建方法及时间 Cartogram 在时空数据可视化与分析中的应用进行深入研究,并在此基础上研发 Cartogram 扩展插件原型,验证本书方法的适用性。

1. Cartogram 发展脉络的研究

从 Cartogram 产生的根源出发,结合时代的变迁和技术方法的更迭,系统梳理了 Cartogram 的理论、方法和应用的历史发展脉络。对不同发展阶段的发展情况和技术方法背景进行了介绍,并重点分析了当前 Cartogram 研究的热点与存在的问题。

2. Cartogram 基本理论的研究

提出了 Cartogram 的理论与方法研究框架,分别介绍了框架中的四个组成部分。对 Cartogram 的基本问题、表示方法、生成方法和评价方法四个基础理论问题展开了研究。首先对 Cartogram 基本问题中的概念、特点和分类体系进行概述;然后介绍了 Cartogram 的常规表示方法和扩展表示方法,建立了 Cartogram 的表示方法体系,从表达数据特征、表达方法和效果三个方面着重比较与分析了 Cartogram 表示方法与传统地图表示方法的区别与联系;接着详细阐述了 Cartogram 的手工生成方法、线 Cartogram 和面 Cartogram 自动生成算法;最后总结了 Cartogram 的评价方法体系,并给出了五个评价指标。

3. Cartogram 构建方法的研究

总结归纳了现有的所有类型 Cartogram 的构建方法,并结合当下研究和应用的重点,着重对具有代表意义的时间 Cartogram 和连续面 Cartogram 的构建方法进行了深入研究。针对当前构建方法中存在的问题,分别提出了带有约束条件的移动最小二乘法的中心型时间 Cartogram 的构建方法和面向双(多)变量的连续面 Cartogram 构建方法。

4. Cartogram 应用的研究

(1)基于本书提出的带有约束条件的移动最小二乘法的中心型时间 Cartogram 的构建方法,以 2016 年北京到全国 307 个市县的最短铁路旅行时间为例,构建了以北京为中心的时间 Cartogram,并对时间 Cartogram 进行了空间变形可视化。

(2)基于本书提出的面向双(多)变量的连续面 Cartogram 构建方法,以慕尼黑人口密度、银行和 ATM 机分布(双变量)数据,奥格斯堡人口密度及儿童看护地分布和规模数据(多变量)为试验数据进行可视化。试验证明,与传统地图表示方法相比,该方法更容易发现分布设施不均衡等问题,能够为城市规划、政策制定等提供辅助参考。

(3)分别以 1996 年、2003 年、2009 年和 2016 年为时间断面,以历年北京到各城市的最短铁路旅行时间和时空变化参数为例,基于时间 Cartogram 可视化方法从多个角度展现了 1996—2016 年北京与其他 226 个城市间的时间距离关系变化。不但横向对比了时间 Cartogram 与原地图时间距离的分布差异,也从纵向的角度对比了时间空间的发展变化,对由交通发展引起的时空收缩现象进行了可视化,有效揭示了以北京为中心的城市时空格局演变规律与特征。

5. 原型插件的研发

利用开源地理信息系统 QGIS 研发了 Cartogram 扩展插件原型。该插件包含三项功能,分别为中心型时间 Cartogram 自动生成、面向双(多)变量的连续面 Cartogram 自动生成和 Cartogram 的动态可视化。

7.2　展　望

本书对 Cartogram 的理论、构建方法和应用等相关问题进行了探讨,但是仍有问题有待进一步探讨和研究。

(1)Cartogram 理论研究方面。需要进一步探索 Cartogram 的信息传输模型和空间认知机理,尤其对于空间变形的认知模式还欠缺进一步的实证研究。Cartogram 的"扭曲变形"挑战了人们固有的空间认知,如何在了解人们对于 Cartogram 认知模式的基础上,进一步优化或提升 Cartogram 的设计,增强其可用性,是需要进一步深入研究的。下一步还需要对本书提出的基于移动最小二乘法的中心型时间 Cartogram 和面向双(多)变量的连续面 Cartogram 进行评价,可通过可用性测试或者眼动试验等进一步分析与探索。

另外,Cartogram 本身种类多样,其表达特点也各不相同,例如空间尺度、地理复杂性等因素是否会在具体表达应用中影响 Cartogram 类型的选择。目前此方面的研究很少,却对 Cartogram 后续的表达应用十分重要,也需要未来结合具体的应用领域展开进一步的研究。

(2)Cartogram 的构建方法及其插件方面。本书仅针对线 Cartogram 和面 Cartogram 的代表类型结合具体的应用进行了算法的创新和优化。但 Cartogram

的构建方法复杂,且不易实现,也限制了其进一步的应用。因此,还需要对其他类型的 Cartogram 的构建方法原理进一步深入研究,如矩形 Cartogram,并结合应用实例验证方法的有效性。

(3)关于 Cartogram 的应用方面。目前 Cartogram 需要拓展其应用范围,找到契合的应用领域。只有如此,才能突破瓶颈,以应用为驱动,同时带动 Cartogram 理论与方法更有针对性的深入研究。具体来说接下来还有以下几个方面需要进一步研究:①对 Cartogram 在时空数据可视化方面的具体表达方法还需要进一步优化,比如 Cartogram 动画的自然平滑效果还需要加强;②与其他可视化方法(如 TreeMap)进行结合,加强 Cartogram 的可视化表达效果,拓展 Cartogram 对多种数据的可视化支持;③将时间 Cartogram 与其他相近数据如旅行费用或经济联系强度等结合并可视化,深化地理学相关理论,深入挖掘不同数据空间分布的关联关系。

Cartogram 的基础理论、构建方法和具体应用这几个方面是相辅相成的,但是,要想解决目前 Cartogram 所面临的“困境”问题,更有可能的是从 Cartogram 的应用方面入手,以具体应用为驱动,同时带动其理论和方法得以更有目的性和针对性地深入推进。例如,面 Cartogram 能够弥补传统地图表示方法中的不足,有效保护病例隐私,并排除人口因素干扰,为进一步的疾病空间聚集性探测提供“均质化”的人口背景。因此,面 Cartogram 在疾病空间分布与聚集性探测应用中有着巨大的潜力和应用价值,是一种行之有效的方法。但是在具体应用中,需要根据疾病数据的特征,建立疾病数据特征与面 Cartogram 表示方法之间的对应关系,这有待于面 Cartogram 基础理论研究的进一步深入;并需要进一步优化、改进现有的面 Cartogram 自动构建算法,使其能够满足疾病空间聚集性探测的需求。

随着大数据时代的来临,传统的基础地理数据扩展到时空大数据,地理数据的空间尺度扩展到了微观和宏观空间,空间分析扩展到了时空大数据解析,给传统的地图可视化方法带来了不小的挑战。如何从不同尺度、不同时态、不同角度来审视时空大数据,如何从传统的数据服务转变为知识服务,这对新的可视化方法提出了挑战。Cartogram 从人的心象认知出发,强调表现宏观态势和发展趋势,不执着于点线面的精确表达,因此它是一种从全新视角来表达时空大数据、数据间关联性以及时空变化的可视化方法,能够为预测、规划和决策提供一种新的可视化依据。未来,仍需要扩展 Cartogram 的表示方法以适应新的需求,将新的技术手段引入 Cartogram 表达方法中,拓展 Cartogram 的可视化方法和应用领域,赋予 Cartogram 更多的生命力。

参考文献

艾波，唐新明，艾廷华，等，2012. 利用透明度进行时空信息可视化[J]. 武汉大学学报(信息科学版)，37(2):229-232.

艾廷华，2008. 适宜空间认知结果表达的地图形式[J]. 遥感学报，12(2)：347-354.

艾廷华，周梦杰，陈亚婕，2013. 专题地图属性信息的 LOD 表达与 TreeMap 可视化[J]. 测绘学报，42(3)：453-460.

安晓亚，2011. 空间数据几何相似性度量理论方法与应用研究[D]. 郑州：信息工程大学.

曹小曙，阎小培，2003. 经济发达地区交通网络演化对通达性空间格局的影响——以广东省东莞市为例[J]. 地理研究，22(3):305-312.

陈为，沈则潜，陶煜波，2013. 数据可视化[M]. 北京：电子工业出版社.

陈谊，赵云芳，杜晓敏，2016. 变形统计地图构建方法综述[J]. 系统仿真学报，28(9)：1970-1978.

陈卓，金凤君，2016. 北京市等时间交通圈的范围、形态与结构特征[J]. 地理科学进展，35(3):389-398.

董卫华，郭庆胜，刘纪平，2007. 示意性地图自动设计初探[J]. 测绘科学，32(S1):37-39.

杜晓荣，平淑文，张永，2015. 基于移动最小二乘法的图形图像局部变形技术[J]. 系统仿真学报，27(4):816-823.

冯跃，鲁春霞，马蓓蓓，2009. 京津冀地区粮食供需的空间格局变化特征[J]. 资源科学，31(4):566-573.

高俊，1991. 地图的空间认知与认知地图学——地图学在文化与科技领域的新探索[M] // 中国测绘学会地图制图专业委员会,中国地图出版社地图科学研究所. 中国地图学年鉴. 北京：中国地图出版社.

高培超，刘钊，谢美慧，等，2016. Cartogram 属性地图：理论概述与研究展望[J]. 测绘与空间地理信息，39(6):211-215.

郭仁忠，应申，2017. 论 ICT 时代的地图学复兴[J]. 测绘学报，46(10):1274-1283.

韩睿，2016. Cartogram 用于表达 GlobeLand30 数据的有效性研究[D]. 成都：西南交通大学.

郝燕玲，唐文静，赵玉新，等，2008. 基于空间相似性的面实体匹配算法研究[J]. 测绘学报，37(4)：204-209.

胡文亮，张军海，韩宪生，等，2003. 专题地图量化信息可视化原理[M]. 西安：西安地图出版社.

华一新，1988. 面积拓扑地图的制作和应用[D]. 郑州：解放军测绘学院.

华一新，李响，赵军喜，等，2015. 一种基于标签云的位置关联文本信息可视化方法[J]. 武汉大学学报(信息科学版)，40(8):1080-1087.

江南，李少梅，崔虎平，等，2017. 地图学[M]. 北京：高等教育出版社.

蒋海兵，徐建刚，祁毅，2010. 京沪高铁对区域中心城市陆路可达性影响[J]. 地理学报，65(10)：1287-1298.

靳海攀，郑林，张敬伟，2013. 基于时间距离的鄱阳湖生态经济区经济联系变化网络分析研究

[J]. 经济地理,33(6):148-154.

克拉克,奥米利,2014. 地图学:空间数据可视化[M]. 张锦明,王丽娜,游雄,译. 北京:科学出版社.

李嘉靖,刘鲁论,房云峰,等,2014. Cartogram 图的制作与应用研究[J]. 科技创新导报(2):94-95.

李响,王丽娜,杨佳,2012. 动态地理现象可视化方法研究[J]. 测绘通报(S1):680-684.

刘涛,闫浩文,2013. 空间面群目标几何相似度计算模型[J]. 地球信息科学学报,15(5):635-642.

刘婷,2008. 移动最小二乘图像变形方法研究[D]. 大连:大连理工大学.

刘贤腾,周江评,2014. 交通技术革新与时空压缩——以沪宁交通走廊为例[J]. 城市发展研究,21(8):56-60.

刘洋,2011. 交通因素对中心地及扩散域影响的理论与实证分析[D]. 长春:东北师范大学.

刘瑜,龚咏喜,张晶,等,2007. 地理空间中的空间关系表达和推理[J]. 地理与地理信息科学,23(5):1-7.

陆军,宋吉涛,梁宇生,等,2013. 基于二维时空地图的中国高铁经济区格局模拟[J]. 地理学报,68(2):147-158.

罗丁,1987. 面状统计地图[J]. 地图(3):60-61.

孟立秋,2017. 地图学的恒常性和易变性[J]. 测绘学报,46(10):1637-1644.

申思,薛露露,刘瑜,2008. 基于手绘草图的北京居民认知地图变形及因素分析[J]. 地理学报,63(6):625-634.

沈陈华,王旭姣,司亚莉,等,2015. 基于旅行者运动轨迹的时间地图变换[J]. 地理研究,34(6):1160-1172.

沈雪,任重,2018. 基于物理模拟的示意地图动画[J]. 计算机辅助设计与图形学学报,30(2):225-234.

施迅,王法辉,2016. 地理信息技术在公共卫生与健康领域的应用[M]. 北京:高等教育出版社.

汤晋,2016. 高速铁路影响下的长三角时空收缩与空间结构演变[D]. 南京:东南大学.

逯鹏,徐柱,肖亮亮,等,2015. 网状地图自动化示意化设计规则研究综述[J]. 测绘通报(3):1-5.

王劲峰,葛咏,李连发,等,2014. 地理学时空数据分析方法[J]. 地理学报,69(9):1326-1345.

王家耀,孙群,王光霞,等,2006. 地图学原理与方法[M]. 北京:科学出版社.

王丽娜. 2018.Cartogram 自动构建方法与应用研究[D]. 郑州:信息工程大学.

王丽娜,江南,李响,等,2017. Cartogram 表示方法研究综述[J]. 计算机辅助设计与图形学学报,29(3):393-405.

王士君,冯章献,刘大平,等,2012. 中心地理论创新与发展的基本视角和框架[J]. 地理科学进展,31(10):1256-1263.

王晓明,刘瑜,张晶,2005. 地理空间认知综述[J]. 地理与地理信息科学,21(6):1-10.

王永超,吴晓舜,刘洋,等,2013. 基于可达性的沈阳经济区中心地空间结构演变[J]. 地域研究与开发,32(1):56-60.

王占刚,庄大方,王勇,2014. 历史事件时空过程描述及其可视化研究[J]. 计算机工程,40
　　(11):50-55.

吴康,龙瀛,杨宇,2015. 京津冀与长江三角洲的局部收缩:格局、类型与影响因素识别[J]. 现
　　代城市研究(9):26-35.

吴旗韬,张虹鸥,叶玉瑶,等,2012. 基于交通可达性的港珠澳大桥时空压缩效应[J]. 地理学
　　报,67(6):723-732.

吴威,曹有挥,梁双波,2010. 20世纪80年代以来长三角地区综合交通可达性的时空演化[J].
　　地理科学进展,29(5):619-626.

伍笛笛,蓝泽兵,2014. 多时空交通圈的内涵、划分及其特征分析[J]. 西南交通大学学报(社会
　　科学版)(3):16-21.

肖亮亮,2016. 相对性原则对示意性网状地图认知的影响[D]. 成都:西南交通大学.

信睿,艾廷华,何亚坤,2017. Gosper地图的非空间层次数据隐喻表达与分析[J]. 测绘学报
　　(12):2006-2015.

薛露露,申思,刘瑜,等,2008a. 认知地图两种外部化方法的比较——以北京市为例[J]. 北京
　　大学学报(自然科学版),44(3):413-420.

薛露露,申思,刘瑜,等,2008b. 城市居民认知距离透视认知变形——以北京市为例[J]. 地理
　　科学进展,27(2):96-103.

余金艳,刘卫东,王亮,2013. 基于时间距离的C2C电子商务虚拟商圈分析——以位于北京的淘
　　宝网化妆品零售为例[J]. 地理学报,68(10):1380-1388.

张蓝,李佳田,徐珂,等,2015. 道路网络示意图的多边形生长算法[J]. 测绘学报,44(3):
　　346-352.

张莉,陆玉麒,2013. 基于可达性的中心地体系的空间分析[J]. 地理科学,33(6):649-658.

张珣,钟耳顺,张小虎,等,2015. 一种尺度效应指数修正的格网数据示意地图制图算法[J].
　　武汉大学学报(信息科学版),40(8):1100-1104.

赵光龙,2014. 中国高等教育资源配置空间分布研究[D]. 上海:华东师范大学.

郑红波,钟业勋,胡宝清,2010. 地图易读性度量公式的改进[J]. 测绘信息与工程,35(3):41-
　　44.

钟业勋,1994. 地图易读性的度量研究[J]. 武汉测绘科技大学学报,19(4):346-351.

周恺,刘冲,2016. 可视化交通可达性时空压缩格局的新方法——以京津冀城市群为例[J]. 经
　　济地理,36(7):62-69.

周建平,赵春燕,2010. GIS属性信息可视化及其有效性分析[J]. 经济地理,30(1):31-33.

朱庆,付萧,2017. 多模态时空大数据可视分析方法综述[J]. 测绘学报,46(10):1672-1677.

AHMED N,MILLER H J,2007. Time-space transformations of geographic space for exploring,
　　analyzing and visualizing transportation systems[J]. Journal of transport geography,15(1):
　　2-17.

ALAM M J,KOBOUROV S G,VEERAMONI S,2015. Quantitative measures for Cartogram
　　generation techniques[J]. Computer graphics forum,34(3):351-360.

ANAND S,2006. Automatic derivation of schematic maps from large scale digital geographic datasets for mobile GIS[D]. Pontypridd: University of Glamorgan.

AVELAR S, 2007. Convergence analysis and quality criteria for an iterative schematization of networks[J]. Geoinformatica, 11(4): 497-513.

AVELAR S, HURNI L, 2006. On the design of schematic transport maps[J]. Cartographica: the international journal for geographic information and geovisualization, 41(3): 217-228.

AVELAR S, MÜLLER M, 2000. Generating topologically correct schematic maps [C]// FISHER P F. Proceedings of international symposium on spatial data handling. Zürich: Swiss Federal Institute of Technology: 4-28.

AXHAUSEN K W, DOLCI C, FRÖHLICH P H, et al., 2006. Constructing time-scaled maps: Switzerland from 1950 to 2000[J]. Transport reviews, 28(3): 391-413.

BARKOWSKY T, LATECKI L J, RICHTER K F, 2000. Schematizing maps: simplification of geographic shape by discrete curve evolution[J]. Lecture notes in computer science, 1849: 41-53.

BENTLEY J L, OTTMANN T A, 1979. Algorithms for reporting and counting geometric intersections[J]. IEEE Transactions on computers, 28(9):643-647.

BIES S, VAN KREVELD M, 2012. Time-space maps from triangulations[C]//DIDIMO W, PATRIGNANI M. Proceedings of the 20th international conference on graph drawing. Heidelberg: Springer: 511-516.

BUCHIN K, EPPSTEIN D, LÖFFLER M, et al., 2011. Adjacency-preserving spatial treeMaps[J]. Lecture notes in computer science, 6844: 159-170.

BUCHIN K, GOETHEM A V, HOFFMANN M, et al., 2014. Travel-time maps: linear Cartograms with fixed vertex locations[J]. Lecture notes in computer science, 8728:18-33.

BUCHIN K, SPECKMANN B, VERDONSCHOT S, 2012. Evolution strategies for optimizing rectangular Cartograms[J]. Lecture notes in computer science, 7478: 29-42.

BUNGE W,1960. Theoretical geography[D]. Washington:University of Washington.

CABELLO S, DE BERG M, VAN DIJK S, et al., 2001. Schematization of road networks [C]//Association for Computing Machinery. Proceedings of the 17th annual symposium on computational geometry. New York: ACM Press: 33-39.

CHENG A H D, CHENG D T, 2005. Heritage and early history of the boundary element method[J]. Engineering analysis with boundary elements, 29(3): 268-302.

CLARK J W, 1977. Time-distance transformations of transportation networks[J]. Geographical analysis, 9(2):195-205.

DENT B D, 1975. Communication aspects of value-by-area Cartograms[J]. The American cartographer, 2(2): 154-168.

DORLING D, 1991. The visualization of spatial social structure [D]. Diss: University of Newcastle upon Tyne.

DORLING D,1996. Area Cartograms: their use and creation[EB/OL]. [2018-04-16]. http:// dannydorling. org/wp-content/files/dannydorling_publication_id1448. pdf.

DOUGENIK J A, CHRISMAN N R, NIEMEYER D R, 1985. An algorithm to construct continuous area Cartograms[J]. The professional geographer, 37(1): 75-81.

ELROI D, 1991. Schematic views of networks: why not have it all[C]//American Association of State Highway and Transportation Officials. Proceedings of the 1991 GIS for transportation symposium. Washington D C: The National Academics of Sciences, Engineering, and Medicine: 77-86.

EMMER N N M, 2001. Determining the effectiveness of animations to represent geo-spatial temporal data: a first approach[EB/OL]. [2018-04-16]. https://citeseerx. ist. psu. edu/ viewdoc/download? doi=10. 1. 1. 488. 9351&rep=rep1&type=pdf.

FICZERE P, ULTMANN Z, TÖRÖK Á, 2014. Time-space analysis of transport system using different mapping methods[J]. Transport, 29(3): 278-284.

FRIENDLY M, 2008. A brief history of data visualization[M]//CHEN C, HÄRDLE W, UNWIN A. Handbook of data visualization. Heidelberg: Springer:15-56.

FRIENDLY M, 2009. Milestones in the history of thematic cartography, statistical graphics, and data visualization [EB/OL]. [2018-04-16]. http://citeseer. ist. psu. edu/viewdoc/download; jsessionid=53AA89862B1ECADA07AF1BE27201B28C? doi=10. 1. 1. 94. 6882&rep=rep1&type =pdf.

GASTNER M T, NEWMAN M E J, 2004. Diffusion-based method for producing density-equalizing maps[J]. Proceedings of the national academy of sciences of the United States of America, 101(20): 7499-7504.

GRIFFIN T L C, 1983. Recognition of areal units on topological Cartograms[J]. The American cartographer, 10(1): 17-29.

GUSEIN-ZADE S M, TIKUNOV V S, 1993. A new technique for constructing continuous Cartograms[J]. Cartography and geographic information systems, 20(3): 167-173.

HARRIE L, STIGMAR H, DJORDJEVIC M, 2015. Analytical estimation of map readability [J]. ISPRS International journal of geo-information, 4(2): 418-446.

HEILMANN R, KEIM D A, PANSE C, et al. , 2004. RecMap: rectangular map approximations[C]//IEEE. Proceedings of IEEE symposium on information visualization. Los Alamitos: IEEE Computer Society Press: 33-40.

HENNIG B D, 2011. Rediscovering the world: gridded Cartograms of human and physical space [D]. Sheffield: University of Sheffield.

HENRIQUES R, BAÇÃO F, LOBO V, 2009. Carto-SOM: Cartogram creation using self-organizing maps [J]. International journal of geographical information science, 23 (4): 483-511.

HONG S, KIM Y S, YOON J C, et al. , 2014. Traffigram: distortion for clarification via isochronal cartography[C]//ACM. Proceedings of the SIGCHI conference on human factors in computing systems. New York: ACM Press: 907-916.

HONG S, KOCIELNIK R, YOO M J, et al. , 2017. Designing interactive distance cartograms

to support urban travelers［EB/OL］.［2018-04-16］. https://research. tableau. com/sites/
default/files/Hong_etal_DistanceCartograms_PacificVis_2017. pdf.

HONG S, YOO J C, CHINH B, et al. ,2018. To distort or not to distort: distance Cartograms
in the wild［EB/OL］.［2018-04-18］. http://rayhong. net/data/pdfs/2018_proc_DC3. pdf.

HOULE B, HOLT J, GILLESPIE C, et al. ,2009. Use of density-equalizing Cartograms to
visualize trends and disparities in state-specific prevalence of obesity: 1996-2006［J］. American
journal of public health, 99(2): 308-312.

HOUSE D H, KOCMOUD C J, 1998. Continuous Cartograms constructing［C］//IEEE.
Proceedings of the conference on visualization. Los Alamitos: IEEE Computer Society Press:
197-204.

INOUE R, 2011. A new construction method for circle Cartograms［J］. Cartography and
geographic information science, 38(2): 146-152.

INOUE R, SHIMIZU E, 2006. A new algorithm for continuous area Cartogram construction
with triangulation of regions and restriction on bearing changes of edges［J］. Cartography and
geographic information science, 33(2): 115-125.

JANELLE D G, 1968. Central place development in a time-space framework［J］. The
professional geographer, 20(1): 5-10.

JHONG S Y, LIN C C, LIU W Y, et al. ,2011. Rectangular Cartogram visualization interface
for social networks［J］. Communications in computer and information science, 223: 336-347.

JIN W, ZHANG J, 2014. Rendering dorling Cartograms［EB/OL］.［2018-04-18］. http://vis.
berkeley. edu/courses/cs294-10-fa14/wiki/images/archive/1/1e/20141208214233!Paper. pdf.

KAISER C, WALSH F, FARMER C J Q, et al. ,2010. User-Centric time-distance representation of
road networks［J］. Lecture Notes in Computer Science, 6292:85-99.

KASPAR S, FABRIKANT S I, FRECKMANN P,2011. Empirical study of cartograms［EB/
OL］.［2018-04-16］. https://icaci. org/files/documents/ICC _ proceedings/ICC2011/Oral%
20Presentations% 20PDF/B2-Cognition% 20for% 20map% 20design% 20and% 20map% 20reading/
CO-112. pdf.

KEIM D A, NORTH S C, PANSE C, 2004. Cartodraw: a fast algorithm for generating
continuous Cartograms［J］. IEEE Transactions on visualization and computer graphics, 10
(10): 95-110.

KEIM D A, PANSE C, NORTH S C, 2005. Medial-axis-based cartograms［J］. IEEE Computer
Graphics and Applications, 25(3):60-68.

KRAUSS M R D, 1989. The relative effectiveness of the noncontinuous Cartogram［D］.
Charlottesville:Virginia Polytechnic Institute and State University.

LAWAL O, AROKOYU S B, 2014. Visualizing spatial distribution of vulnerable groups and
their exposure to PM2. 5 using Cartograms［J］. International journal of extensive research, 3:
1-9.

LI Z L, 2015. General principles for automated generation of schematic network maps［J］. The cartographic journal, 52(4): 356-360.

LI Z L, DONG W H, 2010. A stroke-based method for automated generation of schematic network maps [J]. International journal of geographical information science, 24 (11): 1631-1647.

MARK D M, 1999. Spatial representation: a cognitive view[J]. Geographical information systems: principles and applications, 1: 81-89.

NEYER G, 1999. Line simplification with restricted orientations[J]. Lecture notes in computer Science, 1663: 13-24.

NUÑEZ J J R, 2014. The Use of Cartograms in school cartography[M]//BANDROVA T, KONECNY M, ZLATANOVA S. Thematic cartography for the society. Heidelberg: Springer:327-339.

NUSRAT S, 2017. Cartogram visualization: methods, application, and effectiveness [D]. Tucson: The University of Arizona.

NUSRAT S, ALAM M J, KOBOUROV S, 2016. Evaluating cartogram effectiveness[EB/OL]. [2018-04-16]. http://de. arxiv. org/pdf/1504. 02218.

OLSON J M, 1976. Noncontinuous area Cartograms[J]. The professional geographer, 28(4): 371-380.

RAISZ E, 1934. The rectangular statistical Cartogram[J]. Geography review, 24(2): 292-296.

RAISZ E, 1936. Rectangular statistical Cartograms of the world[J]. Journal of geography, 35 (1): 8-10.

ROBINSON A H, 1967. The thematic maps of Charles Joseph Minard[J]. Imago Mundi, 21: 95-108.

RUSHTON G, 1972. Map transformations of point patterns: central place patterns in areas of variable population density[J]. Papers of the Regional Science Association. Springer-Verlag, 28(1): 111-129.

RYO INOUE, 2012. An approach to the construction of simple-shaped non-continuous area Cartograms[J]. Theory and application of GIS, 20(1): 11-22.

SCHAEFER S, MCPHAIL T, WARREN J, 2006. Image deformation using moving least squares[EB/OL]. [2018-04-16]. http://kucg. korea. ac. kr/new/seminar/2006/src/PA-06-22. pdf.

SHIMIZU E, INOUE R, 2009. A new algorithm for distance Cartogram construction[J]. International journal of geographical information science, 23(11): 1453-1470.

SLINGSBY A, DYKES J, WOOD J, 2010. Rectangular hierarchical Cartograms for socio-economic data[J]. Journal of maps, 6(1): 330-345.

SPECKMANN B, VAN KREVELD M, FLORISSON S, 2006. A linear programming approach to rectangular Cartograms[M]//RIEDL A, KAINZ W, ELMES G. Progress in spatial data handling. Heidelberg: Springer: 529-546.

SPIEKERMANN K, WEGENER M, 1994. The shrinking continent: new time-space maps of

Europe[J]. Environment and planning B: planning and design, 21(6): 653-673.

SUN S P, 2013a. An optimized rubber-sheet algorithm for continuous area Cartograms [J]. The professional geographer, 65(1): 16-30.

SUN S P, 2013b. A fast, free-form rubber-sheet algorithm for continuous area Cartograms[J]. International journal of geographical information science, 27(3): 567-593.

SUN H, LI Z L, 2010. Effectiveness of Cartogram for the representation of spatial data[J]. The cartographic journal, 47(1): 12-21.

TAO M T, 2010. Using Cartograms in disease mapping[D]. Sheffield: The University of Sheffield.

TOBLER W, 1961. Map transformation of geographic space[D]. Washington: University of Washington.

TOBLER W, 1973. A continuous transformation useful for districting[J]. Annals of the New York academy of sciences, 219: 215-220.

TOBLER W, 1986. Pseudo-Cartograms[J]. The American cartographer, 13(1): 43-50.

TOBLER W, 1994. Bidimensional regression[J]. Geographical analysis, 26:187-212.

TOBLER W, 2004. Thirty five years of computer Cartograms[J]. Annals of the association of American geographers, 94(1): 58-73.

TOBLER W, 2017. Cartograms as map projections[EB/OL]. [2018-04-16]. https://people. geog. ucsb. edu/~tobler/publications/pdf_docs/Cartograms-as-map-projections. pdf.

TVERSKY B, 1981. Distortions in memory for maps[J]. Cognitive psychology, 13:407-473.

ULLAH R, KRAAK M J, 2015. An alternative method to constructing time Cartograms for the visual representation of scheduled movement data[J]. Journal of maps, 11(4): 674-687.

ULLAH R, MENGISTU E Z, VAN ELZAKKER C, et al. , 2016. Usability evaluation of centered time Cartograms[J]. Open geosciences, 8(1): 337-359.

VAN KREVELD M, SPECKMANN B, 2004. On rectangular Cartograms[J]. Lecture notes in computer science, 3221: 724-735.

附录　Cartogram 扩展插件原型主要函数接口

一、公共基础函数接口

1. 设置默认基础目录

函数原型：bool SetBaseDir(const char* strBaseDir)。

隶属模块：Cartogram 核心算法库。

函数说明：设置插件启动时的默认基础目录，目录长度不能大于 1024 位。该基础目录存放默认的数据、配置文件等。设置成功返回 True，失败返回 False。

调用示例：

```
SetBaseDir("C:\\BaseDir\\");
```

二、中心型时间 Cartogram 自动生成相关函数接口

1. 导入控制点数据

函数原型：bool LoadCentralTimeCartogramCtrlData(const char* szFileName)。

隶属模块：Cartogram 核心算法库。

函数说明：导入生成中心型时间 Cartogram 的控制点数据。szFileName 为控制点数据文件（包含文件所在位置的绝对路径）。如果 szFileName 默认为 0，表示导入默认的控制点数据。默认的控制点数据存放在基础目录下 \CentralTimeCartogram \Data\目录下面。导入成功返回 True，失败返回 False。

调用示例：

（1）导入默认中心型时间 Cartogram 的控制点数据调用示例。

```
LoadCentralTimeCartogramCtrlData ();
```

（2）导入指定目录下中心型时间 Cartogram 的控制点数据调用示例。

```
LoadCentralTimeCartogramCtrlData ("C:\\BaseDir\\CentralTimeCartogram\\Data\\");
```

默认控制点数据文件选择 2016 年 308 个控制点的原始坐标和依据北京到其他城市的铁路时间计算得到的新坐标，控制点数据文件名为 ctrPoints-16.txt，内容如下：

```
// ID,原始 X 坐标,原始 Y 坐标,新控制点 X 坐标,新控制点 Y 坐标
1,116.380943,39.923615,116.380943,39.923615
2,117.117943,29.195168,117.0579772,30.06808463
......
```

2. 创建格网

函数原型：bool CreateTimeCartogramGrids（int XNum, int YNum, double Xleft=0, double XRight=0, double YBottom=0, double YTop=0）。

隶属模块：Cartogram 核心算法库。

函数说明：自动生成格网数据。XNum 表示横向的格网数量，YNum 表示纵向的格网数量，XLeft、XRight、YBottom 和 YTop 表示创建格网的地理范围。如果 XLeft、XRight、YBottom 和 YTop 不传值，函数会根据控制点的地理坐标自动计算出格网的地理范围。创建成功返回 True，失败返回 False。

调用示例：

(1)在东经 72°到 137°、北纬 18°到 54°范围内生成 33×25 的格网数据的示例。

```
CreateTimeCartogramGrids(33,25,72,137,18,54);
```

(2)默认生成 33×25 的格网数据的示例。

```
CreateTimeCartogramGrids(33,25);
```

3. 生成边界数据

函数原型：bool TransferTimeCartogramBoundary（const char* szSourceFile, int IterativeTimes, const char* szDestFolder = 0）。

隶属模块：Cartogram 核心算法库。

函数说明：根据控制点，生成中心型时间 Cartogram 的地图边界数据。szSourceFile 表示原始的地图边界数据文件，IterativeTimes 表示光滑迭代次数，szDestFolder 表示生成的中心型时间 Cartogram 的地图边界数据所在目录。如果 szDestFolder 为 0，则生成的目标文件路径默认和原始的地图边界数据文件路径一致。该函数生成所有光滑迭代后的中心型时间 Cartogram 的地图边界数据，文件命名为"原始文件名＋迭代次数＋result. txt"。创建成功返回 True，失败返回 False。

调用示例：

经过 3 次光滑迭代生成中心型时间 Cartogram 的地图边界数据调用示例。

```
TransferTimeCartogramBoundary("C:\\BaseDir\\CentralTimeCartogram\\Data\\Boundary
.txt",3);
```

原始的地图边界数据文件 Boundary. txt 格式如下：

```
//序号,X坐标(经度),Y坐标(纬度),线号
1,127.6574073,49.76027049,1
2,129.3978178,49.44060008,1
......
229,121.777818,24.394274,2
230,121.175632,22.790857,2
231,120.74708,21.970571,2
......
```

由于经历了 3 次迭代,且 szDestFolder 参数默认为 0,因此在当前目录下自动生成中心型时间 Cartogram 的地图边界数据,包括每次迭代的结果文件 Boundary_1_result.txt、Boundary_2_result.txt 和 Boundary_3_result.txt。

4. 生成格网数据

函数原型:bool TransferTimeCartogramGrid (const char* szDestFile)。

隶属模块:Cartogram 核心算法库。

函数说明:生成中心型时间 Cartogram 的格网数据。szDestFile 表示生成的中心型时间 Cartogram 的格网数据文件。创建成功返回 True,失败返回 False。

调用示例:

```
TransferTimeCartogramGrid ("C:\\BaseDir\\CentralTimeCartogram\\Data\\Grids_result
.txt");
```

5. 加载和显示中心型时间 Cartogram

函数原型: bool LoadAndDisplayTravelTimeCartogramLayer (const char* szFile)。

隶属模块:Cartogram 扩展插件适配器。

函数说明:根据生成的中心型时间 Cartogram 结果文件,将文件作为一个图层加入内存中,然后进行绘制并显示。参数 szFile 为需要绘制的文件。绘制成功返回 True,失败返回 False。

调用示例:

```
LoadAndDisplayTravelTimeCartogramLayer ("C:\\BaseDir\\...\\ Grids_result.txt");
```

三、面向双(多)变量的复杂连续面 Cartogram 自动生成相关函数接口

1. 导入初始数据

函数原型:bool LoadAreaCartogramData(const char* szFolder=0)。

隶属模块:Cartogram 核心算法库。

函数说明:如果 szFolder 默认为 0,则导入默认数据。该数据存放在基础目录下\AreaCartogram\Data\目录下面。该数据由两部分组成,一部分是对该数据文件的描述,文件命名为"城市名_desc.txt",包括采用的坐标系、坐标单位、格网精度、格网原点坐标(左下角点)及格网个数等参数;另一部分是实际的数据文件,文件命名为"城市名_grid.txt"。设置成功返回 True,失败返回 False。如果 szFolder 不为 0,则传入文件路径,该路径只能存放数据描述文件和数据文件,其命名规则必须和默认数据命名规则保持一致,即数据描述文件命名为"城市名_desc.txt",实际数据格网文件命名为"城市名_grid.txt"。

调用示例:

（1）导入默认数据调用示例。

```
LoadAreaCartogramData();
```

（2）导入指定目录下数据调用示例。

```
LoadAreaCartogramData ("C:\\BaseDir\\AreaCartogram\\Data\\");
```

默认数据文件为奥格斯堡每平方公里格网人口密度数据，由数据描述文件和实际数据文件组成。数据描述文件名为 Augsburg_desc. txt，内容如下：

```
ETRS89/LAEA                    //投影坐标系名称
M                              //坐标单位
1000.00                        //格网精度
4379000.00,2793000.00          //左下角点格网坐标值
17,25                          //横向和纵向格网个数
```

实际数据文件名为 Augsburg_grid. txt，内容如下：

```
// 从左上角点开始,奥格斯堡总共有17(横向)×25(纵向)个格网,数值之间用 Tab 键隔开,
// 每个数值代表所在格网的人口数量
104   1106   1     1      1    1   237   776    1876   93   1   1   1   1   1      1        1
82    4      362   2015   82   1   1     2465   4049   72   1   1   1   1   2330   2811   510
......
```

2. 设置数据初始路径

函数原型：bool SetAreaCartogramDataFolder(const char* szFolder)。

隶属模块：Cartogram 核心算法库。

函数说明：设置数据初始路径，该路径下只能存放数据描述文件和数据文件，其命名规则必须和默认数据命名规则保持一致，即数据描述文件命名为"城市名_desc. txt"，实际数据格网文件命名为"城市名_grid. txt"。设置成功返回 True，失败返回 False。

调用示例：

```
SetAreaCartogramDataFolder("C:\\BaseDir\\AreaCartogram\\Data\\");
```

3. 生成格网变形数据

函数原型：bool CreateAreaCartogramGrids()。

隶属模块：Cartogram 核心算法库。

函数说明：自动生成面 Cartogram 格网数据，该数据和初始数据存放在同一个文件夹下，且文件命名为"城市名_grid_transformed. txt"。转换成功返回 True，失败返回 False。

调用示例：

```
CreateAreaCartogramGrids ();
```

以默认数据生成的格网坐标数据为例,说明数据格式如下:

```
// 生成的数据为 X,Y 坐标,参考系和原始数据坐标参考系保持一致,该坐标系
// 为 ETRS89/LAEA。从左下角点开始,格网点按照由左至右,由下到上的顺序。
   4379000.000000,2793000.000000      //(0,0)格网点
   4379351.543415,2793000.000000      //(1,0)格网点
   4380340.662926,2793000.000000      //(2,0)格网点
   4380991.500950,2793000.000000      //(3,0)格网点
   ......
   4379000.000000,2793657.840795      //(0,1)格网点
   4379387.729886,2793760.866818      //(1,1)格网点
   ......
```

4. 内插计算

函数原型:bool InterpByAreaCartogramGrids(const char* szDestFile, const char* szOutputFile=0)。

隶属模块:Cartogram 核心算法库。

函数说明:通过已有格网文件,将文件中的原始地理坐标经过内插计算转换成该格网下的新坐标。该函数只有在创建格网文件后才能使用,即调用 CreateAreaCartogramGrids 函数成功后才能调用。参数 szDestFile 表示需要转换文件的文件名(含文件绝对路径);参数 szOutputFile 表示内插后输出的新文件,如果不设置该参数,则默认为 0,即转换后的文件会和原始文件在同一目录下,且命名为"原始文件名_transformed.txt"。转换成功返回 True,失败返回 False。

调用示例:

(1)不设置转换后文件的调用示例。

```
InterpByAreaCartogramGrids("C:\\BaseDir\\...\\ augsburg_boundary.txt");
```

如果调用成功,会在 augsburg_boundary.txt 所在的路径下自动生成文件 augsburg_boundary_transformed.txt。

(2)设置转换后文件的调用示例。

```
InterpByAreaCartogramGrids("C:\\BaseDir\\...\\ augsburg_boundary.txt"," C:\\BaseDir
\\...\\ augsburg_newboundarydata.txt ");
```

5. 加载和显示连续面 Cartogram

函数原型:bool LoadAndDisplayAreaCartogram(const char* szFile)。

隶属模块:Cartogram 扩展插件适配器。

函数说明:根据所生成的文件,将文件加入内存中,然后进行绘制并显示。参数 szFile 表示需要绘制的文件。绘制成功返回 True,失败返回 False。

调用示例:

```
LoadAndDisplayAreaCartogram("C:\\BaseDir\\...\\augsburg_boundary_transformed
.txt");
```

6. 加载和显示扩展符号

函数原型：bool LoadAndDisplayWithExtSymbol（const char* szFile, int iType=0, int* fieldArray=0, int arraySize=0）。

隶属模块：Cartogram 扩展插件适配器。

函数说明：根据所生成的文件，将文件加入内存中，然后进行绘制并使用扩展符号显示。参数 szFile 表示需要绘制的文件，iType 表示符号化的类型，fieldArray 表示需要符号化的字段数组，arraySize 表示字段个数。iType 默认值为 0，表示仅简单叠加在 Cartogram 上，fieldArray 和 arraySize 默认值也为 0；如果 iType 值为 1，表示该符号依赖某单值属性进行符号化，fieldArray 为数组，存储需要符号化的属性索引号，arraySize 为 1；如果 iType 值为 2，表示依赖多值属性进行符号化，fieldArray 为数组，存储需要符号化的属性索引号数组，arraySize 为属性字段的个数。绘制成功返回 True，失败返回 False。

调用示例：

（1）显示奥格斯堡转换后的儿童看护地数据，仅简单叠加，不符号化。

```
LoadAndDisplayWithExtSymbol ("C:\\...\\ augsburg_kindergarten_transformed.txt");
```

（2）通过分级圆显示奥格斯堡转换后的儿童看护地名额数量，假设该属性在数据表格中是第 5 个。

```
int fieldArray[1] = {5};
LoadAndDisplayWithExtSymbol ("C:\\...\\ augsburg_kindergarten_transformed.txt",1,
fieldArray,1);
```

（3）通过分级圆显示奥格斯堡转换后的儿童看护地 0～3 岁、3～6 岁及学龄儿童（6 岁以上）数量，假设该属性在数据表格中分别是第 6、7、8 个。

```
int fieldArray[3] = {6,7,8};
LoadAndDisplayWithExtSymbol ("C:\\...\\ augsburg_kindergarten_transformed.txt",2,
fieldArray,3);
```

四、面向时空数据的中心型时间 Cartogram 显示相关函数接口

1. 装载中心型时间 Cartogram 数据

函数原型：bool LoadTravelTimeCartogramTimeSnaps （const char** szFiles, int count）。

隶属模块：Cartogram 扩展插件适配器。

函数说明：装载不同时间片断的中心型时间 Cartogram 数据。szFiles 表示数

据数组参数,count 表示数组个数。装载成功返回 True,失败返回 False。

调用示例:

装载 1996 年、2003 年、2009 年和 2016 年中心型时间 Cartogram 数据调用示例。

```
char* szFiles[4] = { "C:\\basedir\\CentralTimeCartogramforSpatio-temporal\\Data\\
boundary_1996_result",
    "C:\\basedir\\CentralTimeCartogramforSpatio-temporal\\Data\\boundary_2003_result",
      "C:\\basedir\\CentralTimeCartogramforSpatio-temporal\\Data\\boundary_2009_result",
      "C:\\basedir\\CentralTimeCartogramforSpatio-temporal\\Data\\boundary_2016_result"};
LoadTravelTimeCartogramTimeSnaps((const char**)szFiles,4);
```

2. 中心型时间 Cartogram 动画控制函数

函数原型:

```
bool StartTravelTimeCartogramAnimation();
bool StopTravelTimeCartogramAnimation();
int GetTravelTimeCartogramAnimationLength();
bool SetTravelTimeCartogramAnimationTime(int iTime);
```

隶属模块:Cartogram 扩展插件适配器。

函数说明:中心型时间 Cartogram 动画控制函数提供了一系列函数控制动画的播放。该函数必须在装载中心型时间 Cartogram 数据序列函数调用成功后,才能调用。

StartTravelTimeCartogramAnimation 表示启动动画,StopTravelTimeCartogram-Animation 表示停止动画,GetTravelTimeCartogramAnimationLength 表示获得整个动画的时间,SetTravelTimeCartogramAnimationTime 表示按照指定的时间播放动画,iTime 表示开始播放动画的时间。

调用示例:无

3. 显示中心型时间 Cartogram 小幅序列图

函数原型:bool DisplayTravelTimeCartogramMultiMaps()。

隶属模块:Cartogram 扩展插件适配器。

函数说明:显示中心型时间 Cartogram 小幅序列图。该函数必须在装载中心型时间 Cartogram 数据函数调用成功后,才能调用。绘制成功返回 True,失败返回 False。

调用示例:无

4. 显示中心型时间 Cartogram 透明叠加图

函数原型:bool DisplayTravelTimeCartogramOverlayMaps()。

隶属模块:Cartogram 扩展插件适配器。

　　函数说明:显示中心型时间 Cartogram 透明叠加图。该函数必须在装载中心型时间 Cartogram 数据函数调用成功后,才能调用。绘制成功返回 True,失败返回 False。

　　调用示例:无